Agricultures tropicales en poche
Directeur de la collection
Philippe Lhoste

La traction animale

Philippe Lhoste, Michel Havard, Éric Vall

Quæ, CTA, PAG

À propos du CTA

Le Centre Technique de Coopération Agricole et Rurale (CTA) a été créé en 1983 dans le cadre de la Convention de Lomé signée entre les États du groupe ACP (Afrique, Caraïbes, Pacifique) et les États membres de l'Union Européenne. Depuis 2000, le CTA opère dans le cadre de l'Accord de Cotonou ACP-UE. Le CTA a pour mission de développer et de fournir des produits et des services qui améliorent l'accès des pays ACP à l'information pour le développement agricole et rural. Le CTA a également pour mission de renforcer les capacités des pays ACP à acquérir, traiter, produire et diffuser de l'information pour le développement agricole et rural.
Le CTA est financé par l'Union Européenne.

CTA, Postbus 380, 6700 AJ Wageningen, Pays-Bas
www.cta.int

Éditions Quæ, RD 10, 78026 Versailles Cedex, France
www.quæ.com

Presses agronomiques de Gembloux, 2 Passage des Déportés,
5030 Gembloux, Belgique
www.pressesagro.be

© Quæ, CTA, Presses agronomiques de Gembloux 2010

ISBN (Quæ) : 978-2-7592-0886-9
ISBN (CTA) : 978-92-9081-459-7
ISBN (PAG) : 978-2-87016-108-1
ISSN : 1778-6568

Sommaire

Préface

Les animaux de trait sont très utiles aux activités humaines car ils réduisent la pénibilité du travail, facilitent la mobilité et améliorent la sécurité alimentaire. L'utilisation de l'énergie animale pour l'agriculture et les transports peut contribuer à diminuer la pauvreté, créer des richesses et tendre vers les Objectifs du Millénaire pour le développement.

L'énergie animale est complémentaire des autres sources d'énergie, chacune étant aussi importante, qu'elle soit humaine, animale ou motorisée ; elles se combinent dans différents systèmes de production agricole. Les animaux permettent notamment aux utilisateurs de l'énergie animale d'être plus efficaces pour leurs travaux agricoles et leurs transports. Faciles à entretenir en milieu rural, ces animaux de trait peuvent jouer un rôle important pour les populations rurales marginalisées face à l'urbanisation galopante. Les tracteurs, sources de productivité supérieure, ne sont pas toujours souhaitables pour des raisons de coût ou d'impact environnemental.

Malgré l'ancienneté de la traction animale, cette technologie n'est pas démodée et reste d'actualité. En effet, dans l'optique du changement climatique, les technologies durables et à faible impact carbone gardent un grand intérêt pour l'avenir. Les décideurs mettent aussi l'accent sur le besoin de solutions locales créatrices d'emplois et faisant appel à des sources d'énergies renouvelables. La traction animale répond favorablement à ces différentes exigences. Les femmes sont de grandes bénéficiaires de ces innovations, tant pour les travaux agricoles que pour les transports.

Si la traction animale a fortement régressé dans les pays industrialisés, elle se maintient dans d'autres et elle continue de se développer dans certains pays en développement. Malheureusement, au cours des dernières décennies, les médias occidentaux ont eu tendance à exagérer le déclin et l'aspect démodé de l'énergie animale. La réalité contemporaine de cette technique et ses perspectives d'avenir sont trop souvent méprisées. Cela se traduit par une méconnaissance générale des décideurs et des scientifiques et conduit à des politiques qui marginalisent encore plus les communautés rurales. Le sujet a d'ailleurs tendance à disparaître des programmes scolaires et universitaires. Dans certains pays où la moitié des agriculteurs utilisent encore la traction animale, il n'existe aucun dispositif de formation à ces techniques ni aucune politique favorable à l'utilisation de l'énergie animale. C'est pourquoi, cette nouvelle publication et l'impact médiatique que l'on peut en attendre sont importants. Malgré l'intérêt reconnu pour cette technologie dans certains systèmes agricoles, elle reste encore méconnue et inutilisée par un grand nombre d'agriculteurs qui ignorent les connaissances de base et les modalités de développement de la traction animale pour l'agriculture et les transports.

Cet ouvrage présente en effet une synthèse actualisée des connaissances et expériences acquises. Les auteurs, toujours très engagés sur les terrains du développement, en Afrique notamment, y introduisent aussi des analyses d'expériences récentes dans des domaines tels que le bien-être animal, les dynamiques des groupements/associations et l'impact environnemental de cette technologie.

En 2010 (période d'édition de l'ouvrage), la traction animale continue de se développer et de se diversifier dans nombre de pays, surtout en Afrique, continent dont provient la majorité des sources et expériences valorisées dans cet ouvrage. On observe aussi des dynamiques de développement de cette technologie dans d'autres régions du monde, en Asie, en Amérique latine, dans les Caraïbes et dans le Pacifique. Il faut aussi citer les situations de niche, en Europe ou en Amérique du Nord, dans lesquelles les animaux présentent des avantages comparatifs du point de vue économique, écologique ou social. Partout dans le monde, alors que la lutte contre le changement climatique, la protection de l'environnement et la gestion écologique du développement agricole prennent de plus en plus d'importance, l'utilisation des animaux est de plus en plus opportune dans un contexte de développement durable et respectueux de l'environnement.

Je recommande donc vivement cet ouvrage qui valorise l'expérience importante des auteurs dans le domaine de l'énergie animale ; je souhaite qu'il stimule favorablement les personnes concernées par la traction animale et qu'il contribue à promouvoir des politiques et des pratiques appropriées dans ce domaine, pour les années à venir.

Paul Starkey

Consultant international et Chercheur principal associé,
Université de Reading

Avant-propos

La collection « Agricultures tropicales en Poche » est une création récente d'un consortium comprenant le CTA de Wageningen (Pays-Bas), les Presses agronomiques de Gembloux (Belgique) et les éditions Quæ (France) ; cette nouvelle collection, comme l'était celle qui l'a précédée (« le Technicien d'Agriculture tropicale » chez Maisonneuve et Larose) est liée à la collection anglaise, « *The Tropical Agriculturist* », chez Macmillan (Royaume-Uni). Elle comprend trois séries d'ouvrages pratiques consacrés aux productions animales, aux productions végétales et aux questions transversales.

Ces guides pratiques sont destinés avant tout aux producteurs, aux techniciens et aux conseillers agricoles. Ils se révèlent également d'utiles ouvrages de référence pour les cadres des services techniques, pour les étudiants de l'enseignement supérieur et pour les agents des programmes de développement rural.

Notre collection se devait d'avoir un manuel consacré à l'utilisation de l'énergie animale tant cette technologie ancestrale est encore d'actualité pour un très grand nombre d'agriculteurs du monde ; pour la majorité d'entre eux, encore esclaves d'un travail agricole manuel harassant, l'utilisation de la traction animale pour les cultures et les transports constitue un progrès objectif qui permet non seulement d'alléger la pénibilité du travail humain mais aussi d'en améliorer la productivité et de réduire la pauvreté dans les campagnes des pays en développement.

Cet ouvrage original est le fruit d'un travail collectif de trois auteurs complémentaires et possédant une grande expérience de terrain dans ce domaine, en Afrique subsaharienne notamment. Le contenu de l'ouvrage se répartit globalement comme suit, en première rédaction, entre les trois co-auteurs :

– chapitres 1 à 6 et conclusion : Philippe Lhoste
– chapitres 7 à 9 : Michel Havard
– chapitres 10 et 11 : Éric Vall

L'ouvrage est abondamment illustré : il comporte en effet, dans son texte, un certain nombre d'illustrations (photos et figures) en noir et blanc. De plus, un cahier en couleur présente 32 photos qui illustrent la diversité des animaux et des utilisations de la traction animale.

Philippe Lhoste,
Directeur de la collection Agricultures tropicales en Poche

 # Remerciements

Nous ne voudrions pas oublier de mentionner de nombreux collègues avec lesquels nous avons été en relation à propos de cet ouvrage : les uns nous ont relus, d'autres ont suggéré des idées ou formulé des commentaires, plusieurs, parmi eux, ont fourni des photos pour l'illustration de l'ouvrage.

Nous tenons à les remercier tous et espérons n'avoir oublié personne.

Il s'agit d'abord, au Royaume-Uni de collègues spécialistes de la traction animale, parmi lesquels Anne Pearson (University of Edinburgh & Draft Animal News), Anthony Smith (« general editor, livestock volumes » de la collection parallèle en anglais : The Tropical Agriculturist) et surtout Paul Starkey (consultant international et chercheur principal associé, University of Reading) : qu'il soit tout spécialement remercié pour la rédaction de la préface de cet ouvrage, la vérification des termes anglais du glossaire.

Nous citerons, parmi nos collègues africains, Adama Faye et Alioune Fall (Isra), au Sénégal ; nos collègues du Cirad et d'Agropolis, Patrick Dugué, Johann Huguenin, Olivier Husson, Alain Le Masson, Gérard Le Thiec, Christian Meyer, mais aussi Jo Ballade (Prommata), Sara Baudoux, Bernard Bonnet (Iram), Gilles Brunschwig (VetAgro Sup, Clermont-Ferrant), Bernard Dangeard (Jardins de Cocagne).

1. La traction animale dans le monde

La place de la traction animale en ce début de XXIe siècle

Malgré les immenses mutations technologiques du XXe siècle, dans le domaine agricole comme dans les autres secteurs de l'économie mondiale, la traction animale, bien que très ancienne, reste importante dans de nombreux pays ; par leur travail, les animaux contribuent encore significativement à réduire la pénibilité des travaux agricoles et de diverses autres activités, comme les transports ; ils permettent ainsi d'améliorer les conditions de travail et les revenus dans les petites exploitations agricoles.

L'utilisation principale de l'énergie animale est la culture attelée, qui permet divers travaux agricoles tels que les labours, les semis, les buttages et les sarclages. Elle contribue donc à la production alimentaire et commercialisable pour la famille dont elle améliore la sécurité alimentaire et la viabilité économique. Les animaux de trait jouent aussi un rôle important pour le transport des personnes et de divers matériaux utiles pour l'exploitation familiale : bois, eau, récoltes, fourrages, fumiers ; ils facilitent ainsi la circulation, la distribution et la commercialisation des produits agricoles. Ils épargnent, aux femmes et aux enfants notamment, le temps et les efforts consacrés au transport de l'eau et du bois.

L'énergie animale peut aussi être utilisée pour d'autres activités qui requièrent de l'énergie, telles que : l'exhaure de l'eau, le broyage des grains et divers travaux artisanaux. Les animaux, par leur travail, peuvent aussi participer à des travaux d'aménagement du territoire comme des dispositifs anti-érosifs, des aménagements de parcelles, des créations de chemins, des travaux de terrassements.

L'utilisation de l'énergie animale

En ce début de XXIe siècle, la place de la traction animale est extrêmement variable d'un pays à l'autre, avec, schématiquement, trois types de situations :

– celle de la plupart des pays industrialisés qui ont pratiquement abandonné l'utilisation de l'énergie animale,
– celle de nombreux pays en développement ou émergents où les évolutions des systèmes de production sont rapides et tendent souvent vers le remplacement des animaux de trait par des tracteurs ou des motoculteurs,
– celle enfin de pays moins avancés où la traction animale est encore d'actualité et présente même souvent des solutions d'avenir pour les petites exploitations agricoles, encore majoritairement en travail manuel.

Dans les systèmes de production agricole des pays en développement, l'utilisation de la traction animale reste une réalité importante en ce début de XXIe siècle. On considère classiquement, d'après la FAO, que plus de 400 millions d'animaux (bovins, bubalins, équidés, camélidés) participent à cette fourniture d'énergie dans l'agriculture, à travers le travail du sol et les transports (tableau 1.1).

Tableau 1.1. Effectifs estimés des animaux de trait dans le monde (en millions de têtes) d'après les statistiques de la FAO.

Espèces	Asie	Amérique latine	Afrique	Autres	Total
Bovins et Buffles	270	15	16	0	301
Chevaux	16	24	5	13	58
Ânes et Mulets	23	7	17	9	56
Dromadaires	4	0	15	0	19
Total	313	46	53	22	434

En Afrique, une grande partie de l'énergie agricole est encore manuelle (énergie humaine) ce qui laisse une grande marge de progrès pour l'utilisation de l'énergie animale ; bien que cette technique soit fort ancienne, cela place aussi la recherche et le développement face à des enjeux forts et renouvelés, compte tenu du contexte économique mondial en mutation.

Malgré les inévitables approximations d'une telle présentation, très globale, la figure 1.1 présente, selon la FAO, les proportions des travaux agricoles effectués en :
– travail manuel (énergie de l'homme),
– traction animale,
– travail motorisé (énergie fossile).

Elle montre bien l'importance de la culture attelée dans les pays en développement.

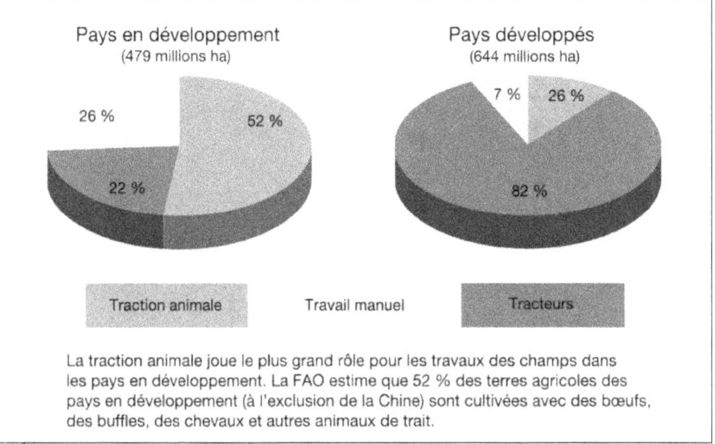

La traction animale joue le plus grand rôle pour les travaux des champs dans les pays en développement. La FAO estime que 52 % des terres agricoles des pays en développement (à l'exclusion de la Chine) sont cultivées avec des bœufs, des buffles, des chevaux et autres animaux de trait.

Figure 1.1.
Comparaison des utilisations des différentes formes d'énergie, dans les pays en développement et dans les pays développés (d'après site web FAO).

Une histoire fort ancienne

Les premières utilisations de bœufs attelés pour des travaux agricoles (araires) ou du transport remonteraient, au Moyen Orient actuel, dans le « croissant fertile », au IVe millénaire avant notre ère ; l'utilisation des bovins pour le travail ne s'est pas faite en même temps que la domestication de cette espèce qui remonterait au VIIIe millénaire avant notre ère. Pour les équidés, certains travaux récents semblent indiquer que les chevaux auraient été domestiqués plus récemment que les bovins, au Ve millénaire avant notre ère et qu'ils auraient été très rapidement utilisés pour le bât ou comme monture, avant d'être attelés à différents types d'instruments de travail du sol et de transport[1]. L'utilisation de l'énergie animale s'inscrit donc dans le prolongement logique de la révolution agraire du Néolithique (Haudricourt, Delamarre, 1950).

---

[1] Helmer (1992) pense en effet qu'une motivation principale de la domestication des équidés pouvait être leur travail : « il est donc permis de penser que les ânes et les chevaux ont été domestiqués plus pour leur qualité de bêtes de somme que pour la viande ».

De nombreuses traces archéologiques témoignent de l'utilisation fort ancienne de l'énergie animale (équidés et bovins), en Égypte par exemple (photo 1.1). Des citations de la Bible[2] indiquent aussi que cette technologie était utilisée, il y a trois millénaires, avec des bovins pour cultiver la terre.

Photo 1.1.
Les gravures des tombeaux de l'Égypte ancienne attestent de l'utilisation des animaux de trait il y a plus de 3000 ans : ici, une paire de bovins travaillant la terre avec un araire (photo P. Lhoste).

En Europe, la traction animale a été, au fil des siècles, un facteur essentiel d'évolution des systèmes de production agricole (Mazoyer, Roudart, 1997). L'efficacité du travail humain et la productivité des systèmes de production agricole augmentent significativement à chaque progrès de la mécanisation attelée : progrès sur les outils et sur les harnachements (collier d'attelage, par exemple). Ces auteurs distinguent deux grandes époques pour la traction animale, avant la révolution du XIXe siècle (révolution fourragère, abandon de la jachère triennale…) :

---

[2] « Élie partit de là et trouva Élisée qui labourait… il avait à labourer douze arpents et il en était au douzième… Élisée s'en retourna sans le suivre, prit la paire de bœufs qu'il offrit en sacrifice ; avec l'attelage des bœufs, il fit cuire leur viande qu'il donna à manger aux siens. Puis il se leva, suivit Élie et fut à son service. » *Livre des Rois*, XIX, 19-21.

– la période de la traction animale « légère » et de l'agriculture méditerranéenne du monde antique : araire, jachère biennale…
– la période de la traction animale « lourde » (paire de bovins, collier d'attelage équin, charrue) et la jachère triennale en Europe « du Nord », qui a permis le développement économique des zones plus froides.

Dans les pays industrialisés, l'utilisation des animaux de trait a fortement régressé après la seconde guerre mondiale, c'est-à-dire au cours de la deuxième moitié du XXe siècle, avec le développement de la motorisation (mécanisation motorisée) ; la place de l'énergie animale dans les systèmes de production est désormais marginale excepté dans quelques activités telles que le débardage du bois et le tourisme.

Toutefois, la traction animale garde toute son importance dans de nombreux pays en développement et notamment en Afrique subsaharienne où elle est d'implantation plus récente et où elle continue de se développer (photo 1.2).

Photo 1.2.
Initiation à la culture attelée : sarclage de l'arachide en traction asine dans le bassin arachidier du Sénégal (photo de Stirbo, 1930, Archives Cirad).

Au plan mondial, selon la FAO, la majorité des agriculteurs (environ les deux tiers, soit plus de 800 millions) travaille encore essentiellement à la main ; viennent ensuite, en termes d'effectifs, les utilisateurs de la traction animale (environ un tiers soit plus de 400 millions) suivi par ceux qui bénéficient de la mécanisation motorisée (environ 30 millions). Ce sont ces derniers qui utilisent aussi, en général, le plus d'intrants ainsi que les améliorations de la productivité apportées par la « révolution verte » (variétés améliorées, engrais, pesticides…). Malgré leur nombre limité, ce sont en effet ces agriculteurs bien équipés qui ont la productivité la plus élevée, qui cultivent les superficies les plus grandes (par actif) et qui logiquement produisent la grande majorité des productions agricoles commercialisables (tableau 1.2).

Tableau 1.2. Présentation synthétique des écarts de productivité par grands types de systèmes agricoles, réalisée en référence aux céréales (d'après Mazoyer, 1997 *In* Losch, 2006).

Millions d'actifs	%	Révolution verte	Type d'énergie	Hectares cultivés par actif	Production (T de céréales par ha)	Productivité (T de céréales par actif)
30	2	Oui	Motorisée	100	10	1000
423	33	Oui	Animale	5	10	50
423	33	Oui	Manuelle	1	10	10
423	33	Non	Manuelle	1	1	1

On relève aussi une certaine relance de l'utilisation de la traction animale dans les pays industrialisés et en particulier en Europe occidentale (Civam, 2004) pour divers types d'activités : sport, tourisme, loisirs, randonnée, débardage du bois, collecte de déchets, ramassage scolaire, entretien des espaces verts, etc. Ces activités concernent aussi les milieux urbains et péri-urbains. Dans le monde agricole, cette légère reprise s'observe également dans des domaines tels que le maraîchage, l'arboriculture fruitière, la viticulture. À la suite de Jean Nolle (1986), l'association Prommata (Promotion du Machinisme Moderne Agricole à Traction Animale) en France continue de travailler sur l'amélioration d'outils innovants et polyvalents en traction animale ; ces améliorations pertinentes pour les petites exploitations européennes le sont évidemment a fortiori pour les utilisateurs (plus nombreux) des pays en développement. L'association Prommata développe aussi des actions de coopération dans les pays du Sud (Algérie, Burkina, Madagascar, etc.).

On constate donc que, malgré l'ancienneté de cette technologie, l'utilisation de l'énergie animale se maintient ou continue de se

développer dans certaines régions du monde grâce à ses nombreux avantages pour l'agriculture familiale des pays moins avancés et moins industrialisés (chapitre 2) :

– source adaptée d'énergie renouvelable pour les petites exploitations agricoles (culture, transport, exhaure de l'eau, battage des céréales, etc.) ;

– amélioration de la productivité du travail humain et de celle rapportée à l'unité de surface cultivée ;

– diminution de la pénibilité du travail et libération partielle des membres de la famille ;

– contribution déterminante à la production agricole, à la génération de revenus et à la réduction de la pauvreté ;

– amélioration de la sécurité alimentaire des petites exploitations et de la durabilité des systèmes de production familiaux ;

– épargne sur pieds dans les zones caractérisées par une certaine pénurie des services financiers.

La diversité des animaux de trait et des systèmes de traction animale

La diversité peut être abordée à différents points de vue et dépend de facteurs écologiques, zootechniques, sociologiques, économiques et historiques.

La diversité historique, mais encore actuelle, des utilisations de l'énergie animale est grande :

– avec divers types d'animaux ;

– pour diverses utilisations : culture attelée, transport, exhaure de l'eau, manèges, monte, etc. ;

– dans divers contextes écologiques, agraires et socio-économiques.

C'est ainsi que cette technologie, pratiquement abandonnée dans les pays les plus avancés, apparaît toujours comme perfectible et d'avenir pour certains pays en développement où le travail manuel est toujours dominant.

La gamme des espèces animales utilisées pour leur travail dans le monde, sans être très large, est tout de même diversifiée, avec trois groupes dominants d'animaux :

– bovins et bubalins : taurins, zébus, buffles et yaks (et parfois des métis : zébus x taurins, bovins x yaks, par exemple) ;

– équidés : chevaux et ânes et leurs hybrides (mulets et bardots) ;
– camélidés : chameaux, dromadaires et lamas.

On peut citer, de façon plus anecdotique par rapport aux activités agricoles, d'autres espèces comme les chiens de traîneau, les éléphants, notamment pour le débardage des bois en Asie du Sud-Est ou les caprins qui tirent de petites charrettes au Honduras ! (cf. cahier de photos en couleur).

Les conditions de développement de la traction animale

Le développement de l'utilisation de la traction animale est lié à des facteurs qui relèvent du milieu naturel (sols, climat, relief), des activités et des systèmes techniques et socio-économiques.

Les facteurs écologiques

On comprend aisément que le climat, conditionnant les productions végétales et la composition de la végétation naturelle spontanée, aura aussi une influence sur le type de systèmes de production et de traction animale adaptés à une écologie donnée. L'approche écologique permet donc de décrire, dans une certaine mesure, la diversité des systèmes de traction animale. Dans une zone écologique donnée, certaines espèces et races animales sont adaptées au milieu et élevées couramment, de préférence à d'autres.

Ainsi, en Afrique occidentale,

– pour les bovins, les zébus se trouvent en zones plus arides et les taurins en zones plus humides ;
– les dromadaires se trouvent en zones arides ;
– les chevaux et ânes sont élevés dans les zones intermédiaires semi-arides et sub-humides, mais des contraintes pathologiques, telles que les trypanosomoses, en rendent l'élevage très difficile en zone humide d'Afrique.

Le milieu écologique dicte donc souvent le type d'animal adapté pour développer l'utilisation de l'énergie animale. Il influence aussi très fortement les caractéristiques des systèmes de production (hors irrigation).

Ainsi, pour reprendre l'exemple de l'Afrique occidentale sub-saharienne, on peut montrer que les modes d'utilisation de la traction animale sont, dans une certaine mesure, liés au zonage agro-écologique (figure 1.2).

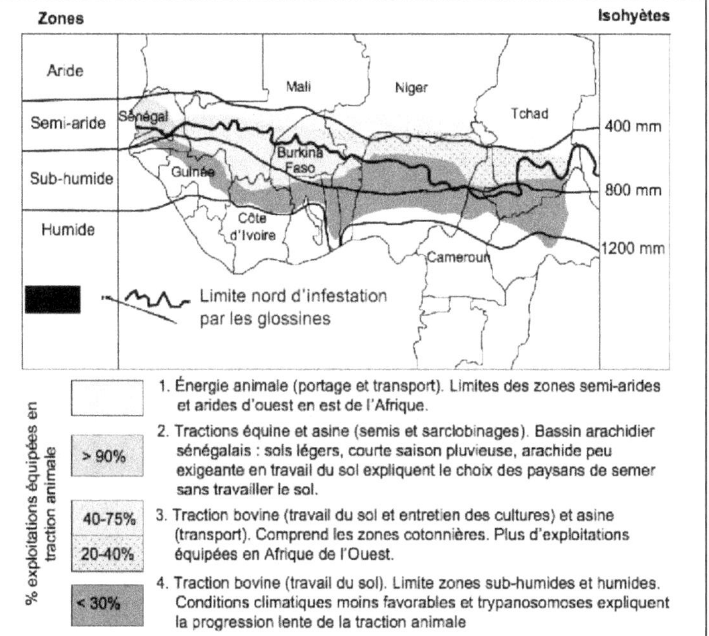

Figure 1.2.
Zonage des modes d'utilisation de la traction animale en Afrique de l'Ouest et du Centre. Les mouches tsé-tsé ou glossines sont des mouches hématophages vectrices des trypanosomoses animales (et de la maladie du sommeil de l'homme). Les zébus sensibles à ces trypanosomoses peuvent difficilement s'aventurer dans les zones infestées de glossines qui sont parfois occupées par des taurins « trypanotolérants ».

• En zone aride (moins de 400 mm de pluviométrie), les systèmes pastoraux ou agropastoraux dominent (en dehors des périmètres irrigués) et les fonctions de portage et de transport sont les plus fréquentes. Lorsque la charrette est difficilement utilisable (sols sableux, manque de pistes, etc.), le portage avec des animaux bâtés, prend sa place. On connaît, par exemple, le rôle traditionnel vital des caravanes chamelières dans les déserts : transport de sel au Nord du Mali, par exemple. L'exhaure et le transport de l'eau peuvent aussi être une fonction importante assurée par les animaux (c'est parfois le cas au Sahel). Si une agriculture pluviale s'est développée, elle est aléatoire sans irrigation, dans cette zone aride, mais certaines façons culturales (préparation des sols, entretien des cultures) peuvent néanmoins être réalisées en traction animale ; c'est ainsi que l'on voit parfois, au Sahel, des dromadaires utilisés pour la préparation des sols. Des systèmes particuliers sont développés en zones arides comme systèmes oasiens, systèmes irrigués, maraîchage de décrue ou de bas-fonds. Ils peuvent aussi mobiliser l'énergie animale pour des fonctions spécifiques : exhaure de l'eau, transport, etc. (photo 1.3).

Photo 1.3.
Dromadaires bâtés, Niger (photo É. Vall).

• En zone semi-aride (entre 400 et 800 mm de pluviométrie), on observe un gradient progressif allant de systèmes à dominante pastorale (vers 400 mm) à des systèmes mixtes, associant agriculture et élevage, dans lesquels l'agriculture prend de plus en plus de place, lorsque la pluviométrie augmente. Les animaux privilégiés sont donc, du Nord (aride) au Sud (plus humide), les dromadaires, puis les équidés (ânes et chevaux) et les zébus… puis parfois les taurins ou métis taurins x zébus, vers le Sud. Dans cette zone, on trouve différents types d'associations des productions animales et végétales et la présence d'un important élevage de gros animaux (bovins notamment) facilite l'accès aux animaux de trait. Les cultures vivrières (mil, sorgho, arachide, niébé, etc.) dominent et la culture attelée y joue souvent un rôle important pour la préparation des sols et le sarclage des cultures.

Selon les densités de peuplement humain, l'importance des jachères est variable et la culture attelée a parfois joué un rôle déterminant dans l'extension des superficies cultivées et dans la sédentarisation de l'agriculture.

• La zone sub-humide (800 à 1 200 mm) est plus favorable à la culture et les systèmes mixtes de production s'y sont fortement développés avec souvent une forte contribution de la traction animale. Les cultures annuelles vivrières dominantes (mil, sorgho, maïs, manioc, riz) y sont souvent associées à des cultures « de rente » telles que le coton, l'arachide ou le riz. Ces cultures commerciales ont parfois contribué fortement au financement de la « chaîne » de traction animale (attelage, harnachement et outils). La culture attelée a souvent remplacé le travail manuel avec, dans cette zone, une importance plus grande accordée à la préparation des sols et à la lutte contre les adventices (« mauvaises herbes ») ; certains agriculteurs utilisent essentiellement la charrue en traction bovine (en Guinée ou en Centrafrique par exemple), considérant que le plus important c'est le labour pour préparer la culture et détruire l'herbe spontanée en début de saison des

Photo 1.4.
Culture attelée : labour en traction bovine, Burkina Faso (photo G. Le Thiec).

pluies. Dans certaines régions (comme au Sud du Mali, dans l'Ouest du Burkina Faso…), on observe une certaine spécialisation avec les bovins pour le travail du sol (photo 1.4) et les équidés (ânes surtout) pour le transport attelé (chapitre 8). Quand les agriculteurs ont peu de moyens financiers, il est conseillé de travailler sur la polyvalence des attelages, en utilisant, par exemple, l'âne, non seulement pour le transport, mais aussi pour l'entretien des cultures ce qui est faisable avec un outillage léger adapté à la capacité de traction de ce modeste animal. Des systèmes de culture sous couvert végétal (SCV) sont expérimentés dans ces régions et l'utilisation de la traction animale doit alors être repensée et adaptée à ces nouveaux systèmes techniques (mécanisation du semis, de l'épandage des engrais, du conditionnement des mulchs, du transport…). L'élevage très présent est souvent associé à l'agriculture : animaux de trait, animaux d'embouche, bovins laitiers, troupeaux sédentaires naisseurs. Ces animaux, plus ou moins bien « intégrés » à l'exploitation agricole, jouent un rôle important tant au plan économique qu'au plan agronomique (fourniture d'énergie, de fumier par exemple).

• La zone humide (plus de 1 200 mm de pluviométrie) est, en Afrique subsaharienne, moins favorable à l'élevage, en raison de diverses pathologies animales d'origine parasitaire (trypanosomoses par exemple) ou infectieuse. La végétation naturelle plus vigoureuse et les cultures pérennes pratiquées dans ces régions sont aussi des obstacles au développement de la culture attelée. La traction animale peut néanmoins trouver sa place, pour le transport par exemple, comme on a pu le voir dans certaines plantations industrielles de palmier à huile où des bovins trypanotolérants assurent le transport des récoltes vers les routes ; ils participent aussi, par le pâturage, à l'entretien du sous-étage herbacé, et évidemment par leur production de viande à l'alimentation du personnel et à l'économie de la plantation. Dans d'autres continents, avec sans doute des conditions sanitaires plus favorables pour les animaux de trait, la traction animale est présente en zone humide : c'est le cas du buffle, animal parfaitement adapté à la riziculture en Asie ; c'est le cas d'équidés en Amérique latine : chevaux et mulets au Brésil ou au Mexique, par exemple. Dans le cas particulier des zones d'altitude, le relief accidenté constitue parfois une contrainte à l'utilisation des animaux : petites parcelles, fortes pentes, etc. Le portage (mulets, dromadaires et lamas bâtés, par exemple) peut alors trouver sa place, pour tout type de transport (photo 1.5).

Photo 1.5.
Bœuf zébu porteur, lors
de la transhumance en zone
humide, Cameroun
(photo P. Lhoste).

2. La traction animale dans les exploitations familiales

La traction animale constitue une source d'énergie renouvelable qui convient aux exploitations agricoles familiales pour lesquelles elle présente un progrès objectif à travers la culture attelée et les transports en particulier.

Le coût d'un équipement complet (animal de trait, harnachement et outils adaptés) est très variable selon le type d'attelage recherché et le nombre des équipements ; l'âne reste souvent « l'animal de trait du pauvre » ; la charrette, même de fabrication artisanale, est relativement coûteuse à l'échelle de l'économie familiale. L'accès à ces équipements peut donc poser de réels problèmes aux petites exploitations familiales ; historiquement, le crédit et différentes formes de subventions ont joué un rôle important dans la promotion de cette technologie, en Afrique subsaharienne notamment.

Actuellement, force est de constater que le coût de ces équipements est un vrai problème pour beaucoup de paysans « manuels » qui souhaiteraient s'équiper en traction animale. Des formules de micro-crédit peuvent y remédier en permettant à ces agriculteurs aux revenus modestes de s'équiper progressivement.

L'intégration de l'agriculture et de l'élevage

La traction animale a souvent été présentée (Lhoste, 2004) comme un élément moteur de l'intégration agriculture-élevage ; elle participe en effet à la durabilité des systèmes mixtes associant agriculture et élevage dont les trois « piliers bio-techniques » sont classiquement :

– la fourniture d'énergie, à travers la culture attelée et le transport ;
– l'entretien de la fertilité des sols grâce à la fumure animale (Landais *et al.*, 1993) ;
– l'alimentation des animaux à partir du système de culture.

Certains aspects de ces interactions seront développés au chapitre 10 qui revient sur la problématique de développement durable dans les systèmes de production avec traction animale.

L'énergie développée par les animaux de trait et de bât pour la culture attelée (divers travaux culturaux comme labours, semis, sarclages, buttages) et pour le transport des biens (intrants agricoles, fumier, fourrages, récoltes, etc.), favorise la réalisation des itinéraires techniques agricoles. Cela constitue un progrès réel en termes de productivité ; on peut aussi montrer que, le plus souvent, cette forme d'énergie, bien utilisée est plus respectueuse des environnements fragiles que ne le serait la motorisation.

Les aliments destinés aux animaux de trait et aux autres animaux de l'exploitation proviennent en grande partie du système de culture (résidus de récolte, cultures fourragères, jachères, etc.). Les animaux de trait permettent aussi, par leur travail, d'améliorer cette production agricole, source de fourrages, à travers les résidus de céréales (maïs, mil, sorgho, riz) ou de légumineuses (arachide, niébé). Des plantes de couverture et des cultures fourragères permettent d'aller encore plus loin dans cette intégration. Des formes diverses de production de fourrages peuvent être envisagées, à travers des cultures associées (céréales - légumineuses fourragères), des cultures dérobées ou sous couvert, des enrichissements de la jachère avec des légumineuses fourragères : *Stylosanthes* spp., *Mucuna* (culture qui se développe au Burkina Faso malgré une valeur alimentaire moyenne), des dispositifs agroforestiers.

Enfin, les éléments fertilisants produits par ou avec la contribution des animaux (la « fumure animale » : déjections, fumier, compost), à travers le recyclage des nutriments, participent à l'entretien de la fertilité des champs. Les techniques de valorisation de cette fumure animale ne sont pas toujours optimisées et de gros progrès techniques peuvent être apportés à travers le compostage (voir chapitre 10). L'objectif est de fournir à l'exploitation agricole (système de culture) plus d'éléments fertilisants en quantité et en qualité. Les facteurs limitants de cette production de fumure, si nécessaire à l'exploitation agricole, sont souvent d'une part la pénurie de biomasse d'origine végétale (à incorporer au mélange destiné à devenir un fumier composté) et d'autre part le faible nombre d'animaux qui, par leurs déjections, permettent d'enrichir ce mélange. L'intégration des animaux de trait dans l'exploitation agricole qui se traduit notamment par la stabulation (complète ou partielle) contribue clairement à améliorer les possibilités de fabrication de ce fumier avec des dispositifs de type « étables fumières », « fosses fumières » (photo 2.1) (voir chapitre 6).

Les grands herbivores, équidés, bovins, bubalins, ont aussi parfois des fonctions multiples en apportant souvent une source d'énergie (animale) essentielle mais aussi du fumier et parfois des jeunes et du

lait (pour les femelles de trait) ; le transport attelé contribue à gérer les flux de matière organique (fourrages, fumier…). Il y a donc souvent une synergie indispensable entre l'amélioration de la fumure animale (en qualité et en quantité) et l'utilisation du transport animal. Sans le recours à cette forme de transport, le petit paysan sera souvent empêché d'utiliser rationnellement son potentiel de fumure animale, en raison, par exemple des distances à parcourir pour d'une part rapporter les résidus de récoltes à l'étable et d'autre part transporter le fumier pour fertiliser ses parcelles agricoles (figure 2.1, p. 30).

De plus, l'introduction, pour la culture attelée, de gros animaux (équidés, bovins) dans des exploitations d'agriculteurs qui ne les connaissaient pas bien auparavant, a souvent joué un rôle de formation à l'élevage très important pour l'avenir ; en effet, ces néo-utilisateurs d'animaux de trait se sont souvent montrés de bons éleveurs, capables

Photo 2.1.
Bœuf de trait en stabulation au Sénégal : alimentation à l'auge et fabrication de fumier (photo P. Dugué).

de passer ensuite à d'autres formes d'élevage, telles que la production laitière ou l'embouche bovine.

La traction animale apparaît donc bien comme un élément essentiel et fondateur de cette intégration de l'agriculture et de l'élevage qui est elle-même au cœur de la durabilité des systèmes mixtes de production.

Il faut, bien sûr, ajouter à ce raisonnement sur l'intégration agriculture-élevage, les nombreux flux économiques qui participent aussi à ces interactions positives : les revenus des ventes des produits des cultures (coton, arachide, céréales, légumes, fruits, etc.) permettant, par exemple, d'acquérir des animaux ou, réciproquement la vente de produits animaux (lait, œufs, animaux bouchers, etc.) finançant l'achat de l'attelage ou du matériel agricole.

L'animal de trait et les systèmes de culture

▶ L'augmentation de la productivité

L'intérêt principal de ce recours à l'animal pour le travail dans l'exploitation agricole est le plus souvent l'augmentation de la productivité du travail humain ; ce point est largement reconnu et illustré dans la bibliographie, mais les résultats sont assez divers et font parfois l'objet de controverses quant à l'efficience réelle de cette technologie. De même, pour l'amélioration de la productivité ramenée à l'unité de surface (Le Thiec *et al.*, 1996), les résultats sont très variables selon les milieux et selon les conditions de maîtrise de la technique par les utilisateurs.

Cependant, il ne fait aucun doute que la traction animale, bien utilisée, apporte de gros progrès à différents points de vue :

– L'efficacité du travail du sol : un labour, un buttage ou un sarclage, par exemple, peuvent être réalisés plus efficacement en culture attelée qu'à la main, avec un attelage adapté à l'outil utilisé et à l'objectif visé.

– La rapidité : indiscutablement le travail est exécuté beaucoup plus rapidement : c'est parfois un avantage agronomique majeur, pour profiter par exemple des premières pluies, ou pour prendre de vitesse les mauvaises herbes, en début de saison des cultures,

ou pour se rendre au marché livrer la récolte avec une charrette équine.

– La productivité du travail humain est améliorée à travers l'utilisation des animaux de trait qui permet en effet une meilleure efficacité et une qualité du travail (labour ou buttage, par exemple), une plus grande rapidité d'intervention (semis) et un meilleur « rendement » (transport attelé par exemple).

Les agriculteurs sont généralement très sensibles à l'amélioration de cette productivité du travail humain. En effet, ils ne chercheront pas toujours à améliorer en priorité la productivité de la terre, mais plutôt à soulager leur peine et à augmenter le « rendement » de leur travail ; l'animal de trait peut clairement y contribuer. Néanmoins, la culture attelée contribue souvent à l'amélioration des rendements des cultures qui dépendent aussi de nombreux autres facteurs (variétés cultivées, fumure animale/minérale, etc.).

Il en est de même pour l'apport des animaux aux transports (matériaux divers, récoltes, eau, bois) et déplacements des personnes : il en améliore aussi l'efficacité et la rapidité tout en diminuant considérablement la pénibilité de ces opérations.

L'intensification écologique, raisonnée et autonome des systèmes de production

La traction animale, dans ce cadre d'intégration de l'agriculture et de l'élevage, permet une intensification simultanée et synergique des productions végétales et animales répondant aux objectifs d'accroissement des productions, des revenus des ménages agricoles et d'usage plus efficace des ressources. Ces synergies concernent les flux de matières, les cycles de nutriments, le fonctionnement biophysique des sols, la valorisation du travail, la gestion des facteurs de production (équipements et intrants).

Cette intensification écologique est raisonnée et relativement autonome. En effet, chez les plus pauvres, cette forme d'intensification relative présente l'intérêt majeur d'une réelle autonomie ; il y a, dans de tels systèmes, relativement peu d'intrants à acquérir à l'extérieur. Le principe étant de recycler les résidus de récolte (déchets) d'une activité (l'agriculture), dans une autre activité (l'élevage) qui produit à son tour des déchets (fumier) qui sont valorisés dans la première (fertilisation des champs) (figure 2.1.).

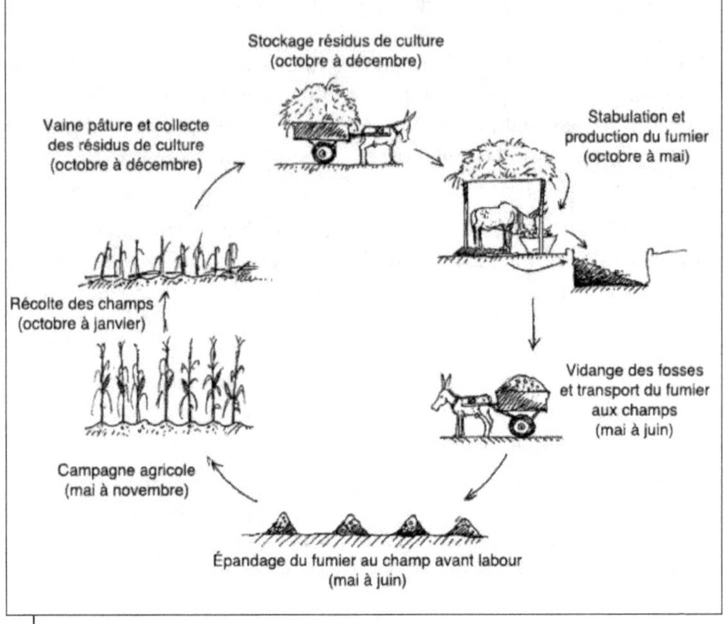

Figure 2.1.
Intégration de l'agriculture et de l'élevage.

La traction animale et la vie domestique

L'introduction dans l'exploitation agricole d'animaux de trait se traduit en général par une nouvelle combinaison du travail humain et animal et par une forte réduction de la pénibilité du travail manuel (c'est-à-dire des personnes).

Une réduction de la pénibilité du travail humain, surtout pour les préparations du sol, l'entretien des cultures (les sarclages) et les transports. Cet argument, à lui seul, suffirait à justifier l'utilisation des animaux dans certains systèmes de production tant le travail agricole peut parfois s'apparenter à une forme d'esclavage pour certaines catégories de la population, souvent les femmes et les enfants !

La libération de temps pour d'autres activités. Cet effet secondaire peut constituer un avantage social très important pour favoriser,

grâce au temps dégagé, des dynamiques nouvelles au village, en termes d'organisation des producteurs, de négociation, d'animation, de temps de formation, de loisirs, etc. Il est clair, en revanche, que la traction animale engendre de nouvelles activités liées à l'entretien et à la conduite des animaux, qui demandent aussi du temps ; et ce sont parfois les enfants qui sont alors mobilisés pour ces tâches comme l'appui à la conduite de l'attelage, le gardiennage et l'abreuvement des animaux.

La diversification des productions (végétales et animales) apparaît aussi comme un effet secondaire de l'introduction de la traction animale dans l'exploitation, pour diverses raisons : possibilité de diversification des cultures, initiation à l'élevage des gros animaux, production des animaux de trait eux-mêmes (surtout si l'on utilise des femelles : juments, vaches de trait).

La diminution des risques économiques : la diversification évoquée ci-dessus est aussi une façon de sécuriser économiquement l'unité familiale par rapport à l'aléa climatique ou aux fluctuations des prix des produits agricoles. Cette diversification des productions dépasse parfois les relations agriculture-élevage ; les exploitations familiales, dans leur recherche de sécurité alimentaire et économique diversifient, en effet, leurs productions et leurs activités économiques ; elles s'inscrivent ainsi dans une logique de « système d'activités » dont le fonctionnement tient compte des logiques marchandes et familiales. Les animaux de trait constituent aussi une forme d'épargne sur pieds, permettant d'atténuer certains chocs économiques.

L'amélioration de la sécurité alimentaire et de l'économie familiale. Les animaux permettent souvent de diversifier dans le temps les revenus de l'exploitation agricole ; de plus, c'est parfois la trésorerie au quotidien qui peut être notablement améliorée avec des produits animaux tels que le lait. L'autoconsommation de certains produits animaux (lait, œufs, viande) contribue qualitativement (protéines à haute valeur biologique) à l'alimentation et à la sécurité alimentaire de la famille. Les produits animaux permettent de sécuriser l'économie et de réguler la trésorerie. La vente du coton s'effectue, par exemple, après la récolte, une fois par an, alors que celle de nombreux produits animaux peut s'étaler dans le temps et parfois se décaler dans l'année (animaux sur pied notamment). C'est en raison de cette souplesse que l'on peut observer autant de labilité de ces animaux dans les exploitations : accumulation et déstockage animal sont des facilités offertes aux familles pour réguler leurs besoins monétaires, en volume et dans le temps.

La multifonctionnalité de certains animaux est un atout important : la vache de trait, par exemple, peut assurer des travaux légers (avec certains avantages sur les mâles, cf. chapitre 3), produire du lait et des veaux, ainsi que du fumier : il s'agit alors d'une forme accomplie de l'intégration de l'élevage et de l'agriculture qui permet une intensification relative des productions animales. La productivité numérique et la production laitière des vaches de trait intégrées à l'exploitation agricole sont en effet améliorées par rapport aux vaches du troupeau qui ne travaillent pas, mais qui sont élevées dans un système d'élevage plus extensif (Lhoste, 1987).

La valorisation des ressources du terroir

L'introduction des animaux dans l'exploitation agricole permet une meilleure valorisation d'un ensemble de productions ou de co-produits tels que : les résidus de récolte, les sous-produits domestiques, artisanaux et agro-industriels... Les herbivores jouent un rôle spécifique dans cette valorisation car ils sont capables d'utiliser des fourrages pauvres provenant des jachères, des parcours et des récoltes (résidus et sous-produits).

Cette amélioration de la valorisation des ressources doit être recherchée à plusieurs niveaux :

– celui de l'exploitation agricole, pour les résidus et sous-produits familiaux, en relation spécifiquement aux herbivores à entretenir dans l'unité de production (animaux de trait notamment et parfois exclusivement),

– celui du terroir villageois pour les ressources variées de cet espace : parcours, friches, forêts, en relation, cette fois, avec les autres cheptels villageois (troupeaux naisseurs, petits ruminants, etc.).

Quant à la durabilité des ressources du terroir (sols, eau, biodiversité), la traction animale a parfois été accusée d'augmenter les risques de dégradation des terres car facilitant l'extension des surfaces cultivées et donc des mises en culture de zones plus fragiles. Ces risques d'effets pervers existent indiscutablement comme cela a pu être établi dans certaines zones cotonnières d'Afrique subsaharienne où la dynamique d'accroissement de la culture attelée a été parfois très rapide, entraînant de fortes extensions des surfaces cultivées. Mais, lorsque cette technologie est bien maîtrisée, elle peut aussi devenir un instrument important de la lutte contre la dégradation des sols, en décuplant les moyens d'intervention des agriculteurs, par différents moyens :

– transferts de nutriments, éléments fertilisants... (transport du fumier : photo 2.2.) ;
– participation à la mise en place de dispositifs anti-érosifs ;
– travaux du sol en sec, en courbe de niveau favorisant l'infiltration des premières pluies ;
– constitution de banquettes (par le labour par exemple) et végétalisation de celles-ci, etc.

Photo 2.2.
Collecte et transport du fumier
de l'étable à la parcelle : transport
en traction bovine au Sénégal
(photo J. Huguenin).

Conclusion

Dans ces systèmes agropastoraux où la traction animale a joué un grand rôle pour l'intégration agriculture-élevage, les perspectives d'évolution sont réelles, et les mutations en cours sont parfois sources de conflits autour de la divagation du bétail, des vols d'animaux, des dégâts dans les cultures provoqués par les troupeaux et de la concurrence accrue pour les pâturages entre les animaux des agriculteurs (animaux de trait notamment) et les troupeaux des éleveurs. Ces changements permettent néanmoins une diversification des productions animales et végétales et une intensification raisonnée et autonome de ces « systèmes mixtes ».

De fortes évolutions (extension des superficies cultivées, réduction des jachères, crise cotonnière, désengagement de l'État) affectent les zones cotonnières d'Afrique de l'Ouest, par exemple ; elles entraînent de nouvelles contraintes qui amènent à envisager une adaptation des règles d'accès aux ressources et espaces villageois, une transformation des systèmes de production et un renforcement des organisations de producteurs.

Ces systèmes mixtes agriculture-élevage prennent de plus en plus de poids, en Afrique subsaharienne pour les productions animales et végétales, vivrières et commercialisables. Le recyclage plus efficace des nutriments, la contribution de l'énergie animale (culture attelée et transport), l'amélioration de l'alimentation des animaux grâce aux apports des cultures font partie des synergies agriculture-élevage qui améliorent durablement la productivité de ces systèmes mixtes.

Globalement on peut retenir que :

– l'impact de la traction animale sur les systèmes agraires peut induire de nouveaux risques et contraintes qui doivent être gérés, notamment par de nouvelles formes de concertation des acteurs pour une gestion consensuelle des espaces et des ressources ;
– la traction animale contribue effectivement à améliorer la durabilité des systèmes de production agricoles et participe ainsi à l'allègement de la pauvreté dans les pays en développement.

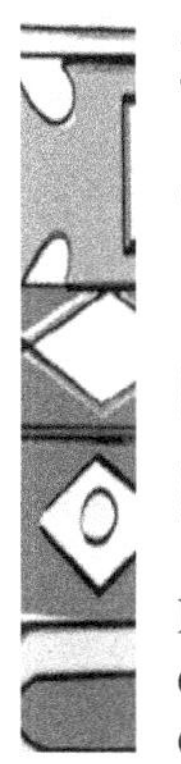

3. La diversité et le choix de l'animal de trait

La diversité des animaux utilisés pour le travail

Il y aurait, dans le monde, en ce début de XXIe siècle, plus de 400 millions d'animaux de trait appartenant à différentes espèces. Les groupes principaux sont :

– les bovins (taurins, *Bos taurus* et zébus, *Bos indicus*)
– les bubalins (buffles, *Bubalus bubalis*)
– les équidés (chevaux, *Equus caballus* ; ânes, *Equus asinus* et mules)
– les camélidés (dromadaires, *Camelus dromedarius* ; chameaux, *Camelus bactrianus* et lamas, *Lama glama*).
(cf cahier de photos en couleur)

À l'intérieur d'une même espèce, il existe à nouveau différents types d'animaux comme les zébus (bovins à bosse : photo 3.1) et les taurins (bovins sans bosse : photo 3.2), chez les bovins. On trouve aussi, le plus

Photo 3.1.
Paire de bœufs zébus de race Gobra, attelés (joug de tête), Sénégal (photo P. Lhoste).

souvent, une diversité de races chez ces espèces animales des régions chaudes… Ces races ne sont pas toujours bien fixées génétiquement et les animaux peuvent présenter une grande variabilité génétique. Plutôt que les caractères phénotypiques (taille, couleur, etc.), on privilégiera, pour le travail, des critères tels que rusticité, caractère docile, robustesse et adaptation au milieu.

Le sexe et l'âge induisent de nouveaux éléments de diversité dans le choix des animaux de trait. S'agissant des mâles enfin il est possible de les castrer ou non.

Nous reviendrons ci-dessous sur les critères de choix des animaux par rapport à ces différentes caractéristiques : espèce, race, sexe, âge.

Les critères de choix

En premier lieu, il faut choisir un type d'animal adapté aux conditions locales de l'élevage, aux moyens et aux objectifs de l'utilisateur. Une règle générale s'impose :
– retenir en priorité des animaux de race locale, disponibles sur place, rustiques, dociles, adaptés aux conditions sanitaires de la région et, si possible, déjà connus des utilisateurs potentiels.

Cela n'est pas toujours possible !

La traction animale se développera donc plus facilement dans les régions où il existe déjà une pratique de l'élevage de grands animaux tels que les ânes, les bovins, les buffles ou les chevaux. Cette disponibilité locale influera fortement sur le choix de l'animal, qui sera bien sûr plus difficile en l'absence d'animaux adéquats sur place ; il faudra alors envisager d'en faire venir d'ailleurs ce qui pose souvent des problèmes, sanitaires notamment.

▌▶ Le choix de l'espèce

Les principaux facteurs à prendre en compte

Le choix de l'espèce animale dépend de divers facteurs qui se combinent :
– la disponibilité locale en animaux adéquats ;
– le contexte écopathologique de la zone ;
– les moyens financiers de l'exploitation et les possibilités locales de crédit ;

– le contexte socioculturel ;
– la nature des travaux que l'on envisage d'accomplir avec son attelage.

Les caractéristiques des principales espèces pour le travail

• Les bovins : zébus et taurins

Les bovins présentent en général des caractéristiques intéressantes pour le travail : rusticité ; bonne résistance à l'effort ; force de traction importante : très souvent utilisés par paire, les bovins présentent également un grand intérêt en traction « monobovine » ; lenteur de l'allure (surtout chez les bœufs âgés) : cela peut être un inconvénient, ou un avantage du fait d'un meilleur contrôle de l'attelage par le meneur ; coût d'achat élevé, mais, dans la plupart des pays, valorisation ultérieure possible en boucherie.

Des bovins de type et de format très différents peuvent être utilisés pour la traction ; il n'y a en particulier pas d'inconvénient à dresser et à faire travailler des taurins d'Afrique humide de petite taille ; ils sont néanmoins réputés plus nerveux et farouches que les zébus. Zébus et taurins seront donc utilisés pour la traction animale, selon la région. On trouvera aussi souvent des métis zébu x taurin, comme le type Djakore au Sénégal résultant du métissage entre le zébu de race Gobra (photo 3.1) et le taurin de race N'dama (photo 3.2).

Photo 3.2.
Taurins de race N'dama en cours de dressage, Guinée (photo M. Havard).

• Les yaks

Les caractéristiques des yaks sont intéressantes pour leur zone d'élevage (régions d'altitude, à partir de 2 000 m : sur les hauts plateaux de Chine, dans la chaîne himalayenne tibétaine, népalaise, en Inde et au Bhoutan, en Mongolie, etc.) : très bonne adaptation aux conditions difficiles de ces régions : oxygène plus rare, climat contrasté, températures extrêmes en hiver, relief accidenté ; grande résistance à l'effort, pied sûr en zone accidentée (montagnes) ; leurs hybrides, issus de croisements avec les bovins locaux, présentent aussi un grand intérêt comme animaux de traction ou producteurs de lait ; grand intérêt en traction animale comme animaux de selle, de bât et pour les travaux agricoles dans les régions agricoles de plus basse altitude ; valorisation possible du lait, de la viande, de la laine et du cuir.

• Les buffles asiatiques

Il existe deux types principaux de buffles asiatiques :

– le buffle de rivière, majoritaire en Inde, au Pakistan, en Europe, en Amérique du Sud et dans les Caraïbes. Utilisé pour la production de lait, il fournit également de la viande et sert parfois d'animal de trait, en Inde notamment. C'est le seul type de buffle d'eau que l'on trouve en Afrique, en Égypte, où il participe de façon importante à la production de viande, de lait et de fromage ;

– le buffle des marais (photo 3.3.), très répandu en Asie du Sud-Est et en Chine, utilisé principalement comme animal de trait et, de plus en plus, pour la production de viande.

Photo 3.3.
Buffle travaillant à la herse une rizière inondée, Vietnam (photo G. Le Thiec).

Les avantages du buffle asiatique sont les suivants :

– c'est l'animal par excellence pour le travail en rizière inondée – labour, hersage, préparation du lit de semence, planage, récolte, battage. Il est particulièrement bien adapté aux milieux humides et marécageux : ses larges sabots plats l'empêchent de s'enfoncer dans la boue des rizières, et l'extrémité de ses membres supporte beaucoup mieux l'humidité permanente que les bovins ou les équidés ;

– il est réputé pour travailler lentement (vitesse moyenne de 3 km/h), mais il est très endurant tant que la température n'est pas trop élevée ;

– il est docile, facile à dresser et familier de l'homme.

• Les chevaux

Les chevaux entretiennent des rapports privilégiés avec l'homme (photo 3.4) ; ce sont souvent des animaux de prestige dans diverses sociétés agraires (Wolofs au Sénégal, Fulbé ou Peuls dans le Nord du Cameroun).

Ils présentent les avantages et les inconvénients suivants :

– la rapidité de l'allure, ce qui est un gros avantage pour, par exemple, effectuer rapidement un transport ou les semis en début de saison des pluies ;

– la longévité, la maniabilité et la facilité de dressage ;

Photo 3.4.
Cheval attelé à une charrette, Égypte (photo P. Lhoste).
Noter la qualité du harnachement et en particulier le collier d'attelage.

– une excellente adaptation pour le transport (rapidité) et comme monture.

Mais, leur alimentation est exigeante et souvent coûteuse.

Des types très divers de chevaux sont utilisés à travers le monde : chevaux légers en Afrique et races lourdes en Europe. En Afrique, leur force de travail est intermédiaire entre celle de l'âne et celle du bovin.

• Les ânes et les hybrides

Les ânes, adaptés aux travaux légers et aux petites exploitations disposant de moyens limités :

– sont présents partout en Afrique, sauf en zone humide en raison de la pathologie, notamment de la trypanosomose ;
– sont relativement bon marché à l'achat par rapport aux animaux des autres espèces ;
– présentent une grande rusticité et une résistance au travail, valorisant les fourrages pauvres avec des besoins en eau réduits ;
– sont polyvalents – bât, monture, transport avec charrette (photo 3.5), travaux agricoles légers ;
– sont familiers avec l'homme, de dressage facile et présentant une exceptionnelle longévité.

Photo 3.5.
Âne attelé à la charrette, Burkina Faso
(photo P. Lhoste).
Noter le harnachement très sommaire.

Les hybrides, mules (photo 3.6) et bardots, conjuguent la résistance de l'âne et la force du cheval. Ces hybrides, les mulets surtout, sont très appréciés et très utilisés en Afrique du Nord, en Éthiopie et dans certains pays d'Amérique latine, comme le Brésil ou le Mexique, mais peu en Afrique subsaharienne.

Photo 3.6.
Mule montée, Haïti (photo P. Lhoste).

• Les camélidés

Les camélidés comprennent principalement les dromadaires (photo 3.7), répartis en Afrique du Nord, saharienne et sahélienne, au Moyen-Orient, en Asie centrale et en Inde, et les chameaux de Bactriane, dans la zone allant de la Turquie à la Chine. Ils sont très employés pour le bât, la monte et l'exhaure de l'eau. Ils peuvent être utilisés pour les travaux agricoles, ce qui est avantageux par rapport aux bovins dans les zones arides et subarides sur sols sableux.

Les principales caractéristiques des camélidés sont :

– une très bonne adaptation et résistance en climat aride et semi-aride, valorisant les fourrages ligneux et des besoins en eau réduits ;
– une grande résistance à l'effort ;
– une valorisation possible du lait, et aussi de la viande, des poils et du cuir.

Ce sont aussi des animaux nobles pour de nombreuses sociétés pastorales.

Photo 3.7.
Dromadaire harnaché pour le trait, Niger
(photo É. Vall).

Parmi les camélidés andins (lama, alpaga, guanaco et vigogne), les deux espèces domestiques sont les lamas, localement employés pour le portage de petites charges, et les alpagas, dont la laine est appréciée.

• Les autres espèces

D'autres animaux originaux et plus marginaux pour le travail sont aussi parfois utilisés pour leur énergie : éléphants en Asie, chiens de traîneau, rennes utilisés dans le Nord de l'Eurasie, boucs au Honduras, etc. (voir cahier de photos en couleur).

Le choix de la race

Règle générale pour toutes les espèces : privilégier, lorsque cela est possible, les animaux de races locales, mieux adaptées à l'environnement écologique et pathologique.

• Les bovins

En Afrique, on utilise plutôt des zébus (photo 3.1) dans leur zone privilégiée d'élevage, en écologie sèche, sahélienne et soudano-sahélienne, et plutôt des taurins (trypanotolérants) en zone humide (photo 3.2) ; cette répartition est due essentiellement à la pression sanitaire en zone humide, notamment à la présence de la trypanosomose, à laquelle les zébus sont plus sensibles que les taurins africains.

• Les chevaux

En Afrique, on trouve souvent des races de chevaux fins et légers venues du Nord, ainsi que quelques races d'animaux plus trapus venues de l'Est, et aussi des équidés de type poney : « *Foutalke* », employé au Sénégal, « *Mouseye* », en Afrique centrale. Ces chevaux, bien qu'assez légers, donnent satisfaction comme montures, ainsi que pour la culturc et le transport attelé. Ils ont en effet souvent un rôle mixte, monte, transport et trait.

• Les ânes

Le type d'âne le plus répandu en Afrique est un âne gris à raies noires, de petite taille, pesant de 120 à 150 kg, mais robuste (photo 3.5). Il existe de plus grandes races dans le Nord de l'Afrique et aussi en Europe où ces animaux font l'objet d'un engouement renouvelé.

• Les camélidés

Il existe de nombreuses races de dromadaires, mais cette notion de races est relative car elles ne sont pas toujours bien fixées (http://camelides. cirad.fr). Certaines sont traditionnellement utilisées plutôt pour le bât, d'autres servent quasi exclusivement pour la monte. D'autres enfin, bêtes de somme médiolignes et lourdes, sont plus polyvalentes et peuvent parfois être utilisées pour la culture et le transport attelés.

L'hybride entre le dromadaire et le chameau de Bactriane, ou « Turko-man », courant en Asie centrale et en Russie, est un animal particulière-ment robuste et résistant, très bien adapté au bât et au travail attelé.

▷ Le choix du sexe

• Les bovins

La plupart du temps on utilise des mâles entiers, ou mieux, des mâles castrés, plus dociles.

Un réel intérêt s'est développé pour les vaches (tableau 3.1), notamment parce qu'elles peuvent fournir, en plus d'un certain travail, du lait et des veaux. Cette dynamique est relativement ancienne au Sénégal (Lhoste, 1987) où les paysans eux-mêmes trouvent avantageux d'utiliser des femelles. Ailleurs en Afrique, cette pratique fort intéressante est malheureusement plus rarement observée…

Tableau 3.1. Avantages et inconvénients de l'utilisation des vaches comme animaux de trait.

Qualité	Avantages	Inconvénients
Disponibilité	Quand la demande en viande bovine est forte, les mâles sont sollicités par cette filière viande et leur prix est élevé.	Les éleveurs ne se séparent pas facilement de leurs génisses.
Travail	Les femelles sont plus faciles à dresser, plus rapides que les mâles : avantage pour les travaux urgents : semis, sarclages. Pour de nombreux travaux agricoles, la force des femelles est largement suffisante.	La force de traction est inférieure à celle des mâles.
Reproduction	Production de veaux, avec une fécondité améliorée (grâce à la conduite et l'alimentation) pour les vaches de trait par rapport aux vaches conduites en élevage extensif.	Moindre disponibilité et efficacité de travail pendant les trois derniers mois de gestation et les deux premiers mois de lactation. Donc, éviter de les faire travailler au moins un mois avant et après la mise bas.
Autres productions	S'ajoutent au travail et au fumier : – la production de lait, plus importante avec une bonne alimentation ; – les veaux, qui peuvent bénéficier, comme la mère, de conditions d'élevage améliorées.	Important : Besoins alimentaires plus élevés en fin de gestation et en lactation, surtout si le travail s'y ajoute. Utilisation et parfois achat d'aliments concentrés nécessaires ; coût de cette alimentation.

• Les chevaux

On utilise indifféremment des mâles, castrés ou non, et des femelles pour les travaux des champs.

Dans certains pays africains, comme au Sénégal, les juments sont moins utilisées pour le transport attelé à la charrette, principalement pour des raisons culturelles liées à d'anciennes réglementations.

• Les ânes

Les mâles et les femelles peuvent être utilisés pour tous types de travaux.

Les mâles peuvent éventuellement être castrés pour les rendre plus dociles… Mais cette pratique est rare en Afrique subsaharienne.

Les ânesses présentent l'avantage d'assurer une relève, ces animaux ne pouvant, en général, être vendus pour la boucherie en fin de carrière, contrairement aux bovins, pour acheter de nouvelles bêtes. Elles font de bons animaux de trait mais ne doivent pas trop travailler durant les derniers mois de gestation ; elles peuvent en revanche reprendre rapidement le travail après la parturition, pourvu que le petit ait le temps de téter plusieurs fois par jour.

• La castration

Si la castration rend l'animal plus doux et plus docile, elle est parfois tenue responsable d'une diminution de la force de travail. C'est le cas si l'animal est castré trop tôt, car le développement des masses musculaires est alors réduit.

Pour les bovins :

– L'âge conseillé de castration est entre 2 et 3 ans. Si la castration a lieu après 3 ans, elle a moins d'effets sur le caractère de l'animal ; si elle a lieu avant 2 ans, elle risque de limiter le développement musculaire du bœuf.
– L'époque de castration : au minimum quatre semaines avant le début du dressage, à cause du choc opératoire ; en saison sèche, pour éviter l'infestation de la plaie par les insectes en saison des pluies.
– La technique : la castration doit être effectuée par des vétérinaires ou des techniciens d'élevage expérimentés. La méthode la plus courante est celle employant des pinces à castrer Burdizzo. L'ablation sanglante des testicules qui entraîne plus de risques est donc plutôt déconseillée.

La castration des buffles de rivière est souvent pratiquée entre 1 an et 1 an et demi, bien qu'il soit intéressant d'attendre un peu plus si les animaux sont destinés au travail ; pour les buffles des marais, elle est rarement pratiquée avant 2 ans, après la puberté, pour permettre un développement musculaire suffisant.

Les chevaux sont le plus souvent utilisés entiers, en Afrique. Il est conseillé de les castrer, le cas échéant, vers l'âge de 1 an.

Les ânes sont rarement castrés ; s'ils le sont, c'est entre 6 et 12 mois.

La castration des dromadaires est souvent impopulaire. Elle est employée dans certaines régions pour éviter les problèmes en période de rut, notamment les combats entre mâles, qui entraînent parfois de graves blessures. Les mâles castrés et les femelles peuvent travailler ensemble.

Les mâles castrés, plus légers, font de bons animaux de selle.

Les animaux sont le plus souvent castrés entre 3 et 6 ans, plutôt à 4 ans pour permettre un bon développement musculaire. Chez le dromadaire, il n'est pas possible d'opérer par écrasement du cordon, car les testicules sont trop plaqués contre le corps de l'animal. L'opération étant ouverte, il est très important de prêter attention à sa qualité et aux conditions d'asepsie.

▍ La morphologie et le « caractère » de l'animal de trait

Certains critères morphologiques permettent d'évaluer un futur animal de trait, lors de son achat, ou de son choix dans le troupeau, parmi d'autres « candidats ».

Le bon animal de trait, quelle que soit son espèce, doit être un animal assez compact, « plutôt lourd que long » ; rappelons, à ce propos, que l'aptitude à l'effort, ou force de traction déployée, est proportionnelle au poids de l'animal.

Il faut prêter une attention particulière aux membres – bien écartés, droits, musclés et puissants –, aux pieds – sains et durs – et aux aplombs : l'animal de trait doit être bien campé sur le sol pour exercer correctement son effort.

Enfin, il faut s'intéresser dès l'achat au caractère de l'animal dont on cherchera à apprécier la docilité et le calme.

Les bovins seront choisis avec une conformation compacte, une masse musculaire développée, une poitrine ample et profonde, une encolure puissante, un dos droit, des membres puissants et courts et des onglons solides.

On considère en général que la conformation des taurins, à encolure musclée, est plus favorable au joug de tête (voir chapitre 7), alors que celle des zébus incite à leur consacrer les jougs de garrot.

On choisira des chevaux à dos court et droit, aux membres puissants et droits, aux sabots sains et durs. On recherche plutôt des animaux lourds puisque la force de traction est proportionnelle au poids de l'animal.

De même, chez les ânes, on retiendra des animaux de carrure et épaules larges, à poitrail profond, dos bien droit, membres musclés et droits, relativement perpendiculaires au sol, membres antérieurs suffisamment écartés. L'animal doit posséder une bonne vue et une bonne ouïe, une robe soignée, sans aucun signe de maladie cutanée.

Chez les dromadaires, on recherchera un animal robuste, lourd, musclé, doté d'une bonne charpente osseuse, à cou moyen à long, serti dans une poitrine forte ; des antérieurs droits mais bien écartés sont recherchés car des sabots tournés vers l'extérieur favorisent les frottements aux coudes. Les os des membres doivent être lourds, les jarrets droits, la queue haute et les postérieurs lourds et musclés ; les sabots larges et plats.

L'état général

Lors du choix d'un animal de trait on s'attachera en particulier aux caractéristiques suivantes : l'allure fière, le regard vif, le poil luisant, l'encornure forte et régulière (bovins et buffles).

Les critères à vérifier sont les suivants :

– Absence de boiterie : vérifier l'état des pieds, des onglons et des pâturons.
– Respiration régulière au repos. Faire courir l'animal et vérifier s'il apparaît un essoufflement anormal après l'effort.
– Vision : faire suivre un objet du regard à l'animal.
– Ouïe : se placer derrière l'animal et taper dans ses mains.
– Les aspects sanitaires sont déterminants : tout animal acheté devrait faire l'objet d'un examen clinique approfondi. Vaccination, déparasitages interne et externe sont indispensables s'ils n'ont pas été effectués avant la vente (voir chapitre 6).
– L'attitude de l'animal est importante : il doit être plutôt calme et docile. La présence de cicatrices peut être révélatrice d'animaux vifs ou peu dociles.
– L'âge : certains utilisateurs achètent, surtout lorsqu'ils débutent, des animaux âgés et déjà dressés, mais en général plus chers (car plus

lourds). Il vaut mieux privilégier, en règle générale, des animaux jeunes, que l'on mettra précocement en stabulation, en relation avec l'homme et au contact d'animaux dociles pour faciliter leur dressage ultérieur. L'âge au dressage varie en fonction des espèces (voir chapitre 4).

La carrière de service des animaux

La problématique ne sera pas la même selon que les animaux ont une réforme commerciale intéressante en boucherie (les bovins notamment) ou qu'au contraire leur viande n'est pas consommée, dans la région considérée (équidés, le plus souvent).

Pour leurs utilisateurs, les bovins présentent l'avantage de bénéficier en général, en fin de carrière de travail, d'une bonne valorisation en boucherie.

L'éleveur averti intègre donc une stratégie de production de viande bovine à la gestion de la carrière de travail de ses bœufs de trait, stratégie que l'on a parfois qualifiée « d'embouche longue », par opposition avec l'embouche intensive (plus courte en temps et sans utilisation du travail animal). Dans ces conditions, la vente des anciens bœufs de trait lui permet d'acheter les animaux de remplacement, voire de réaliser un bénéfice supplémentaire substantiel.

En Afrique subsaharienne en général et notamment au Nord du Cameroun (Vall, 1996) comme au Sénégal (Lhoste, 1987), les plus-values à la revente des bœufs de trait réformés peuvent être importantes : on observe souvent des bénéfices de l'ordre de + 50 à + 100 %. Les éléments utiles pour déterminer la durée de la carrière d'un bovin de trait présentés au tableau 3.2 proviennent de ces expériences de terrain.

Il n'existe en général pas de possibilité de revente en boucherie chez les équidés. Chevaux et ânes sont donc généralement gardés jusqu'à ce qu'ils soient trop vieux pour travailler. En outre, ils présentent l'intérêt d'être facilement reconvertibles dans les transports hors période de travaux agricoles et en fin de carrière agricole, notamment pour les transports urbains ou ruraux, de bois, matériaux et récoltes.

L'extension assez généralisée de la traction asine et la relative stagnation de la traction bovine dans certaines régions d'Afrique, s'interprètent par l'avantage comparatif des équidés en termes de coûts des équipements. Cette dynamique de diversification de la

traction animale résulte en général de l'initiative des agriculteurs. Ce phénomène peut favoriser un processus de développement, dans la mesure où il permet d'accroître la gamme des équipements possibles.

La viande des dromadaires est appréciée et consommée dans de nombreux pays. La demande est particulièrement forte en milieu urbain et périurbain. Cependant, cette viande est principalement fournie par des élevages spécialisés pour la viande cameline. La plupart des dromadaires de selle et de bât sont hautement considérés par leur propriétaire, qui ne s'en sépare qu'à leur mort naturelle.

Tableau 3.2. Éléments de la durée de la carrière d'un bovin de trait (d'après Lhoste, 1987).

	Carrière longue, 8-10 ans Animaux âgés, lourds et bien dressés	**Carrière courte, 3-4 ans Animaux plus jeunes, en croissance pondérale**
Avantages	Renouvellement moins fréquent (animaux de remplacement coûteux et peu disponibles). Bonne valorisation du dressage et pleine expression de la force de travail des animaux.	Meilleure valorisation économique de l'alimentation. Meilleure participation au marché de la viande. Sécurité et meilleure rentabilité économique.
Inconvénients	L'alimentation du bœuf âgé et lourd est d'un prix plus élevé. La valeur de revente diminue au fur et à mesure que l'animal adulte vieillit. Risques de perte sèche (accident, mortalité).	Les animaux sont vendus dès qu'ils atteignent leur pleine force de travail. Nécessité d'en acquérir et d'en dresser de nouveaux.

4. La conduite et le dressage des animaux de trait

La conduite des animaux de trait vise à les maintenir le plus possible dans la proximité des hommes, ce qui permet le suivi quotidien de leur alimentation et abreuvement, de leurs déplacements, de leur « logement » en stabulation, éventuellement, etc.

Cette proximité de l'homme, après le dressage notamment, entretient la « sociabilité et l'éducation » de l'animal ; grâce à ces contacts quotidiens dans la conduite, les animaux de trait pourront en effet garder une attitude calme et docile et ils seront ainsi aptes à reprendre le travail dans de bonnes conditions. Une situation idéale consiste, à atteler et faire travailler le plus souvent possible les animaux récemment dressés, pour de petits travaux de transport, par exemple (photo 4.1).

Photo 4.1.
Transport de la famille, Burkina Faso (photo É. Vall).
Noter le caractère approximatif et atypique du harnachement de l'âne.

C'est parfois difficile, si la paire de bœufs, par exemple, est surtout utilisée pour les travaux à la parcelle (labour, entretien des cultures…) ; dans ce cas, en dehors des périodes de culture, il est bon de maintenir la proximité de l'homme autant que faire se peut, et, pour entretenir les qualités des animaux : les atteler, les faire marcher, entretenir leur accoutumance aux ordres vocaux, etc.

Les pratiques de stabulation, alimentation et abreuvement, spécifiques des animaux de trait, sont évidemment l'occasion de ces contacts quotidiens avec l'homme. Cet entretien de l'apprentissage des animaux de trait est parfois vécu par les utilisateurs comme une perte de temps (alimentation, abreuvement, stabulation). Il faut le considérer comme un investissement qui produira ses fruits à travers la qualité, la sécurité, la facilité et l'efficacité du travail, mais aussi à travers le fumier et d'autres produits animaux, le cas échéant (lait, veaux, poulains, ânons, etc. s'il s'agit de femelles).

Cette proximité de la famille se traduit parfois par la présence des animaux de trait dans les dépendances de la maison d'habitation (photo 4.2).

En réalité, il n'est pas toujours possible de garder les animaux à proximité de la famille toute l'année :
– souvent pour des raisons d'approvisionnement en eau et en fourrage ;
– aussi en raison des coûts d'équipement, de la construction d'une stabulation ;
– parfois en raison de nuisances au village (odeurs, effluents).

Le retour au pâturage est donc fréquent, car c'est généralement la ressource alimentaire principale et la moins coûteuse. Trop souvent, la distribution de fourrages conservés reste problématique et le prix des concentrés est élevé.

En fait, les animaux de trait sont souvent sous-utilisés en dehors de la période de pointe des travaux agricoles.

Quand cela est possible, il est donc intéressant de diversifier les équipements en traction animale pour utiliser au mieux, toute l'année, les capacités de ces animaux, notamment à travers le transport, privé ou d'entreprise.

Ce nouvel emploi, mieux étalé sur l'ensemble de l'année, permet de garder les animaux à proximité de l'habitation, afin de mieux les surveiller et de bénéficier de leur production de fumure animale. Dans certaines régions, c'est aussi une façon de limiter les risques de vol.

Le dressage est un ensemble de techniques progressives fondées sur la répétition d'ordres et de contraintes imposées à un ou plusieurs animaux qui visent à obtenir un comportement « docile et volontaire à la fois » pour exécuter des travaux.

Un dressage correct est indispensable pour les animaux de trait : il permet en effet d'obtenir un travail de bonne qualité, rapide, le moins fatigant possible, pour les animaux et le conducteur de l'attelage. Il réduit également les risques d'accident.

C'est donc un bon investissement pour toute la carrière ultérieure de travail des animaux.

Si les paysans candidats à la traction animale n'ont pas suffisamment l'habitude des animaux, il faudra aussi organiser la formation des utilisateurs d'attelage, ce qui peut se faire, idéalement, simultanément et avec leur propre attelage : âne(s), cheval, paire de bœufs, ...

Photo 4.2.
Bufflesse et son bufflon au Laos
(photo P. Lhoste).
Noter la proximité entre la famille
et les animaux.

Les conditions du dressage

▮ L'âge des animaux à dresser

Si l'animal doit être castré, le dressage est souvent associé à la castration, qui a lieu quelque temps avant. En règle générale, pour la plupart des espèces, on attend que l'animal ait atteint au moins deux tiers de son poids adulte.

• Les bovins mâles

En moyenne, l'âge du dressage est entre 2 et 3 ans.

Cependant, cet âge varie en fonction de l'intensité des travaux et des efforts demandés par la suite à l'attelage. Les animaux peuvent être dressés dès 2 ans s'ils sont destinés à des travaux modérés. Prenant du poids avec l'âge, ils pourront ensuite passer à des travaux plus lourds.

• Les bovins femelles

Les génisses de 2 à 3 ans peuvent être dressées, sans attendre le premier vêlage. En raison du stress et des efforts impliqués, on évite de dresser une femelle en cours de gestation.

• Les équidés

Généralement, le dressage proprement dit est entrepris vers 2 à 3 ans ; il complète « l'éducation » du jeune animal qui a dû commencer plus tôt, dès le sevrage. Les animaux de bât, en particulier les ânes, commencent souvent à travailler avant d'être adultes. De façon générale, le dressage des équidés, comme celui des camélidés, est plutôt aisé et ne demande pas une importante formation.

• Les camélidés

Attendre que l'animal ait atteint au moins les deux tiers de son poids adulte, soit en général 3 à 4 ans pour le trait, 4 à 5 ans pour le chameau de somme.

▮ La durée du dressage

Le temps du dressage ne doit pas être réduit aux dépens de la qualité, donc de l'efficacité ultérieure de l'attelage. La durée du dressage à proprement parler est souvent de l'ordre d'un mois, pour des bovins

déjà familiers avec l'homme, par exemple. Cette durée dépend évidemment de l'espèce concernée et du mode d'élevage antérieur des animaux à dresser.

Dans la pratique, cette durée de dressage est souvent trop courte, ce qui se traduit ensuite par de mauvaises performances des attelages.

Un attelage n'est réellement dressé qu'après un cycle cultural complet, en sachant que l'attelage doit travailler toute l'année pour bien conserver les acquis du dressage. Cette pratique est possible si on utilise les animaux en dehors de la saison de travaux agricoles, pour le transport, par exemple.

La saison du dressage

Le dressage doit précéder la saison des cultures et donc être réalisé :
– avant la campagne agricole dans les régions à saisons sèches courtes ;
– plutôt à la mi-saison sèche dans les régions à saison sèche longue, car les animaux sont souvent en trop mauvais état général à la fin de la saison sèche.

Il est conseillé de poursuivre l'entretien du dressage jusqu'en début de campagne agricole par de petits travaux exécutés le matin de bonne heure, pour en conserver les acquis.

Les soins aux animaux en cours de dressage

Quelle que soit l'espèce, le dressage est une période de stress intense. Il ne doit donc être entrepris que sur des animaux en bonne santé et en bon état général. Il est conseillé d'apporter aux animaux un supplément d'alimentation, un abreuvement à volonté, des soins attentifs et des temps de repos suffisants entre les séances de travail.

Les méthodes de dressage

Pour les bovins qui travaillent le plus souvent par paire, on préférera les méthodes dans lesquelles les jeunes animaux sont associés à des animaux plus âgés à celle, plus courante, qui consiste à dresser directement deux jeunes bovins sous le même joug, ce qui risque d'être plus difficile et de prendre plus de temps. On distingue donc deux méthodes différentes.

▐▶ La méthode dite « du parrain »

Les jeunes animaux à dresser sont d'abord « éduqués » en compagnie d'un ancien pendant une à deux semaines avant d'être réunis sous un même joug. Le stress du jeune animal est réduit au contact de l'animal plus âgé. Pour les équidés, entraîner le jeune animal aux cotés de sa mère est aussi une bonne solution.

▐▶ La méthode dite « en sandwich »

La jeune bête à dresser est placée en position centrale dans un joug à trois places ; elle est entourée par deux animaux bien dressés. Cette méthode, employée en Afrique australe, convient bien pour les animaux difficiles ou nerveux.

Les règles d'un dressage de qualité

Le dressage doit si possible être effectué par une seule personne, de préférence, le futur utilisateur de l'attelage. Cette accoutumance réciproque sensibilise le futur utilisateur de l'attelage aux besoins de ses animaux et aux soins qu'il doit leur apporter. Cela réduit également le stress de l'animal, et permet d'avoir une méthode continue et cohérente de dressage.

▐▶ L'importance de la voix et des ordres verbaux

Dès le début du dressage, il faut habituer les animaux à la voix de leur maître. Celui-ci leur apprendra à répondre à leur nom et il leur apprendra un total de cinq ou six ordres, au maximum, pour les bovins. Les ordres consisteront toujours en mots brefs, comme « Avance », « Recule », « Stop », « Droite », « Gauche ».

Pour les équidés ce nombre d'ordres peut être augmenté avec des mots supplémentaires, courants pour les agriculteurs de la région, tels que : « Non », « Bien », « Viens », « Maison », « Hangar », « Harnais », « Plus vite », « Tout droit », « La patte », « Sillon ».

L'ordre verbal est suivi de la sollicitation physique (par les guides ou par le meneur en tête), elle-même suivie du mouvement à exécuter. Il est important de respecter et d'inculquer à l'animal cette séquence :

ordre verbal → sollicitation physique → exécution de l'action de l'animal.

Les moyens de contrainte raisonnés

Éviter à tout prix le matraquage continu, inefficace et non pédagogique. Les moyens de contrainte doivent être utilisés de façon réfléchie, cohérente, c'est-à-dire :

– immédiatement après un ordre non exécuté, et uniquement dans ce cas ;
– avec fermeté, mais sans brutalité ;
– abandonnés aussitôt que l'ordre est exécuté.

Employer un bâton mince et souple ou un fouet, uniquement sur les parties charnues, jamais sur les saillies osseuses, pour éviter de blesser l'animal.

Le dressage est trop souvent l'occasion d'infliger de nombreuses blessures à l'animal, ce qui est totalement à prohiber.

Plutôt que la contrainte, il vaut mieux privilégier le principe de récompense lorsque l'animal a bien effectué un ordre ou une tâche : petit temps de repos, nourriture, caresse, félicitations.

Les qualités d'un bon dresseur

Les maîtres mots pour un bon dressage sont : patience, calme, douceur, persévérance et fermeté.

Le dresseur doit posséder une bonne connaissance des animaux et de leur psychologie.

Le rôle des centres de dressage

Compte tenu de l'importance de la qualité du dressage, les centres de dressage sont très utiles, notamment dans les régions où l'élevage est peu développé et où la traction animale apparaît comme une nouveauté. Ils doivent rester de petites unités, fixes ou itinérantes, placées de façon à être accessible aux agriculteurs. Ils ne nécessitent pas d'installations importantes et sont réalisés localement. L'enseignement qui y est dispensé est destiné à la formation de jeunes ou nouveaux candidats pour la traction animale, mais aussi au recyclage d'utilisateurs plus anciens.

Lorsque la traction animale est implantée dans une région, les centres de dressage ne sont plus utiles, même s'il y a toujours de nouveaux candidats, les agriculteurs dressant leurs animaux eux-mêmes et se formant mutuellement.

Le dressage des bovins

Les paysans adoptent, maîtrisent et adaptent aisément la technique de dressage, souvent en la simplifiant ; il est fréquent de les voir commencer ce dressage, au Sénégal par exemple, avec de très jeunes animaux taurillons ou bouvillons, de 18 mois environ (photo 4.3).

Photo 4.3.
Le dressage est de plus en plus souvent effectué par les agriculteurs eux-mêmes ;
ici au Sénégal : la pose du joug (photo J. Huguenin).
Noter qu'il s'agit de taurillons zébus très jeunes.

▶ L'accoutumance à l'homme

Cette première étape, primordiale, conditionne grandement la réussite du dressage, et les résultats ultérieurs. Sa durée est variable selon l'animal et sa provenance. Souvent, cinq à dix jours sont nécessaires pour obtenir une pleine confiance des animaux envers leur meneur. Le temps apparemment perdu est rattrapé aisément lors des phases suivantes. Le paysan doit « vivre » avec ses bêtes, installées à proximité de l'habitation.

Dans un deuxième temps, il s'efforce d'instaurer un contact physique avec elles : caresses, sans gestes brusques. À la fin de cette étape, l'éleveur doit pouvoir approcher et toucher ses animaux sans que ceux-ci manifestent la moindre inquiétude.

La préparation physique des animaux

Pour faciliter le dressage, on préparera les animaux avec des opérations telles que :

– rogner la pointe des cornes des bovins dont les cornes sont très pointues ;
– percer la cloison nasale pour y placer l'anneau à l'aide d'un instrument vétérinaire approprié. Tout autre objet métallique est un risque potentiel d'infection et de tétanos.

L'anneau (souvent remplacé par les utilisateurs par une cordelette) ainsi passé servira à la contention et au guidage de l'animal.

La contention

La contention peut être totale : immobiliser l'animal à terre pour pouvoir effectuer les opérations délicates : soins, perçage de la cloison nasale... Plus couramment, la contention consistera à maîtriser l'animal debout, de façon à pouvoir effectuer les opérations simples : pansage, traitement...

Attention à l'utilisation de la cordelette dans la cloison nasale qui présente un fort risque de section de la cloison. Préférer la mouchette, pince-nez, facile d'usage et beaucoup plus sécurisée.

La pose du joug

La pose du joug peut se faire à l'aide d'un dispositif simplifié (appelé « travail »), un portique rudimentaire solidement arrimé. La barre transversale doit être adaptée au gabarit des bœufs pour une position normale de la tête des animaux.

Les bœufs sont attachés à cette barre par les cornes, ce qui permet de les habituer l'un à l'autre, de les familiariser avec les activités humaines des alentours et de faciliter la pose du joug en début de dressage.

▍ L'entraînement à la marche

La première étape consiste à entraîner l'attelage à suivre une ligne définie, comme une piste, une bordure de parcelle. Il faut pour cela trois aides, un devant et les deux autres derrière ou latéralement. Celui qui est devant retient sans tirer la corde de guidage et empêche les écarts de direction. Les deux autres empêchent les écarts brusques. Ils ne sont souvent nécessaires que pendant un ou deux jours.

Quand les animaux commencent à obéir aux ordres du meneur, la personne placée devant se contente de marcher sans tenir la corde.

Cette étape doit amener l'attelage à marcher seul, sans la présence de l'aide, et à obéir à la voix et aux guides.

Pour maintenir les animaux plus facilement on peut leur faire tracter une charge légère.

Le recul doit être enseigné dès que les bœufs obéissent bien. Si les animaux sont harnachés avec un joug de garrot, celui-ci doit être équipé d'un dispositif de recul. L'aide se place devant l'attelage et pousse sur les mufles. En même temps, donner l'ordre de la voix et tirer sur les deux guides.

▍ Développer l'effort de traction

Cette étape doit être très progressive. On peut par exemple faire tirer un tronc d'arbre de plus en plus lourd ou un traîneau de plus en plus chargé.

Le bouvier doit faire preuve de patience, être attentif aux signes de fatigue des animaux et leur ménager des pauses suffisantes.

▍ Habituer l'animal à la traction

Cette étape s'exécute habituellement sur une parcelle délimitée, figuration de lignes de plantation par piquetage, premier sillon de charrue déjà tracé...

Commencer par faire tirer un outil simple et facile à tenir par le bouvier. La traction d'une charrue est une opération plus délicate car le bœuf de droite marche dans le sillon et les deux animaux doivent s'habituer à la différence de niveau (photo 4.4)

Photo 4.4.
Dressage de jeunes bœufs de race N'dama en Guinée
(photo M. Havard).

La traction par un seul bovin

La pratique monobovine (photo 4.5) est moins courante que l'utilisation des bovins par paire. Cette utilisation d'un seul bovin est à conseiller pour les travaux légers qui ne nécessitent que peu d'effort, comme le transport moyen, le sarclage, le buttage.

Pour les travaux de sarclage, notamment, la traction monobovine permet d'éviter les inconvénients d'un attelage constitué d'une paire de bovins attelés au joug court : piétinement des cultures, balayage oblique de la chaîne de traction et casse des plants, difficultés de manœuvre en bout de rang. De plus, elle améliore la précision des travaux d'entretien, permet de poursuivre le travail en cas de perte accidentelle d'un bœuf, et aussi d'alterner les deux animaux et d'effectuer le travail plus rapidement. Il est important de choisir un bon jouguet bien adapté (voir chapitre 7). Quelques heures suffisent pour habituer un animal à travailler seul quand il a été dressé pour l'attelage à deux.

Photo 4.5.
Dressage d'un bœuf, Cameroun (photo É. Vall).
Noter qu'il s'agit d'un bœuf travaillant seul, attelé avec un jouguet et le harnachement
expérimental fabriqué avec des sangles (peu fréquent chez les paysans).

Le dressage des équidés

Pour les équidés et notamment pour les ânes, certains éleveurs
préfèrent parler d'éducation, plutôt que de dressage. Il est vrai que
pour ces animaux, l'accoutumance à l'homme et le dressage peuvent
être très progressifs et démarrer dès le sevrage (soit avant un an) ;
on passera alors par une série de stades allant de l'attache, la marche
à la longe et de l'aptitude à donner les pieds, jusqu'au vrai dressage
comprenant le travail attelé, les ordres vocaux…

À titre d'exemple, le dressage des ânes comprend quatre étapes.

– Première étape (2 à 3 jours) : attraper l'animal, l'habituer au licol
et lui apprendre à marcher sur ordre vocal – « avance, stop » – en le
guidant au début avec le licol.

– Deuxième étape (1 à 2 semaines) : habituer l'animal au harnais et lui
apprendre à marcher en cercle à la longe courte, de 2 m, et à obéir aux
ordres « avance, stop, droite, gauche », puis augmenter le diamètre du
cercle, à la longe de 5 m ; habituer l'animal à porter la bricole et à obéir
aux ordres.

– Troisième étape (7 à 10 jours) : apprendre à l'animal, qui porte un collier et une bricole reliés à des rênes, à être conduit par derrière ; lui apprendre l'ordre de recul ; l'habituer à tirer une charge légère, de 10 puis de 20 kg, tout en obéissant aux ordres vocaux.

– Quatrième étape (3 à 4 semaines) : apprendre aux animaux à travailler par paire. Pour commencer, les animaux sont harnachés et attachés dans un paddock l'un à côté de l'autre, afin qu'ils puissent faire connaissance ; par la suite, ils seront toujours attelés du même côté.

Puis ils sont attelés ensemble pour tirer une charge légère et apprennent à obéir tous les deux aux ordres et à marcher le long d'un sillon. On leur apprend ensuite le labour et la traction de la charrette par paire.

Lors de cette étape également, on apprend à l'âne seul la traction de divers outils, comme la charrue, la herse et la charrette, selon les mêmes principes que pour les bovins.

Comme pour les bovins, l'apprentissage doit être graduel et le dresseur doit faire preuve de patience et de persévérance.

Si l'animal obéit correctement il faut le récompenser.

Le dressage des buffles

Les méthodes de dressage observées sur le terrain varient pour les buffles de rivière et les buffles des marais.

Les buffles de rivière mâles

Le dressage est facile et simple. Il s'effectue à partir de 2 ans, à un poids d'environ 250 kg.

– Première étape : l'animal est « attelé » à une souche ou une charge de 50 à 80 kg et simplement mené dans les champs pendant une semaine : accoutumance à la présence et à la voix du meneur, séances de plus en plus longues pour terminer par 3 à 4 heures par jour.

– Deuxième étape : mise au joug avec un animal déjà habitué au travail de labour ou de traction d'une charrette.

Les animaux sont parfaitement dressés en 3 ou 4 semaines, mais ils ne seront utilisés que pour des travaux légers jusqu'à ce qu'ils aient plus de 3 ans.

▌ Buffles des marais

Le dressage s'effectue à partir de 3 ans, âge de maturité physique et sexuelle.

Mâles et femelles sont utilisés, avec une légère préférence pour les mâles, considérés comme plus puissants et plus endurants. Dans certaines régions, les mâles sont castrés, mais pas avant l'âge de 2 ans ; dans d'autres, les fermiers préfèrent les mâles entiers pour peu qu'ils soient suffisamment dociles.

Les étapes sont relativement semblables à celles décrites précédemment pour les bovins :
– accoutumance à la présence humaine ;
– accoutumance au joug, placé libre sur l'animal pendant quelques jours ;
– attelage à la charrue.

Le dressage des camélidés

▌ L'âge au dressage

Le dressage pour le bât commence dès l'âge de 4 à 5 ans, mais la pleine charge n'est affectée au dromadaire qu'à partir de 6 à 8 ans, pour ne pas perturber la croissance et éviter des déformations articulaires.

La carrière d'un dromadaire « porteur » peut durer 12 ans.

Le dressage pour les activités agricoles commence dès l'âge de 3 ans, date à laquelle on place un anneau dans les naseaux de l'animal. Un seul homme est nécessaire à la conduite du dromadaire lorsqu'il est bien dressé. Selon les conditions d'élevage, la vie productive du dromadaire au travail varie de 6 à 20 ans.

Le dressage pour la monte en selle commence dès l'âge de 3 ans, mais seul l'animal adulte, vers 6 ans, est réellement utilisé.

▌ Les conditions et la méthode

Pendant toute la période du dressage, qui est une période de stress, les animaux doivent être correctement nourris et abreuvés ; un supplément de 3 kg de son par jour est recommandé.

Le dressage du dromadaire comprend un dressage de base, qui dure de 6 à 8 semaines, et durant lequel l'animal apprend à s'asseoir, à s'allonger, à avancer et à reculer, à tourner et à porter une charge sur son dos. Le dressage à la traction de charrettes nécessite environ 2 semaines supplémentaires, un peu plus si l'on y associe un dressage à la traction d'outils agricoles.

Les chameaux sont guidés par une corde passée dans l'anneau nasal. On les amène à marcher et à trotter avec des animaux habitués à être chargés, à se déplacer avec une charge et à obéir aux instructions données par l'intermédiaire de la corde. La marche en ligne droite est acquise rapidement.

L'après-dressage

Les principes initiaux

– Assurer un travail régulier dans l'année : surtout lors de la première année, il faut conserver les acquis du dressage.
– Employer les animaux au transport privé ou d'entreprise en dehors de la saison de travaux agricoles, par exemple.
– En période de travail intense, veiller à une bonne alimentation, un abreuvement adéquat, des soins attentifs et des périodes de repos suffisantes.

Les règles de travail

Pour les travaux lourds, ménager des pauses fréquentes. On peut aussi limiter la longueur des raies de labour à une cinquantaine de mètres pour permettre aux animaux de reprendre leur souffle en bout de sillon. Ne jamais laisser les animaux s'arrêter en cours de raie sans raison apparente.

Il est risqué de « surcharger » un attelage, ne serait-ce qu'une seule fois, car les animaux peuvent devenir méfiants et rétifs.

5. L'alimentation des animaux de trait

Une alimentation contrôlée et de bonne qualité est capitale pour les animaux de trait car ils fournissent un effort important en période de travaux. L'efficacité et la qualité du travail fourni et, à plus long terme, la longévité des animaux de trait sont largement tributaires d'une bonne alimentation. Au sein du cheptel des grands animaux – bovins, bubalins, équidés – les animaux de trait sont des individus particuliers, sortis du groupe, et qui restent normalement toute l'année à proximité de leur propriétaire. Leur alimentation, contrairement à celle du reste du troupeau, peut donc être gérée et contrôlée individuellement.

Les deux périodes délicates de l'année

L'alimentation des animaux de trait doit faire l'objet d'une attention particulière à deux moments-clés de l'année.

À la fin de la saison sèche

Les animaux doivent être en bon état sanitaire au début des travaux agricoles. Or, en période de soudure (fin de saison sèche), le fourrage naturel manque. Il faut donc prévoir d'améliorer l'alimentation des animaux au cours de cette période pour leur permettre de reprendre le travail dans de bonnes conditions. Il est recommandé, pour une bonne remise en état, de maintenir, si possible, la ration d'entretien pendant toute la saison sèche et d'accroître l'alimentation un mois avant la reprise des travaux.

Au cours des travaux intensifs

La préparation de la terre et le début de la culture, le labour, les semis, puis les sarclages sont souvent faits dans l'urgence. L'animal de trait a des besoins accrus alors qu'il dispose généralement de moins de temps pour s'alimenter. Le seul pâturage risque de ne pas suffire pour nourrir l'animal de trait et l'affouragement et la complémentation s'imposent ;

ils représentent un travail et un coût supplémentaires, mais ils sont nécessaires pour assurer l'efficacité du travail animal (photo 5.1).

Cela induit une autre activité nécessaire pour le nouvel utilisateur de gros animaux : constituer des stocks de fourrage ou acquérir des aliments.

Photo 5.1.
Bœufs zébus malgaches de trait, alimentés avec de la paille de riz, Madagascar (photo P. Lhoste).
Noter l'état de maigreur de l'un des bœufs ; cet état insuffisant pour un bon travail peut être dû à son âge et à l'inadéquation de la ration. La paille de riz, distribuée en abondance, n'est pas un aliment riche.

Les besoins alimentaires

L'animal de trait fournit pendant son travail de l'énergie mécanique d'origine musculaire et il consomme donc davantage d'énergie. Ses besoins énergétiques augmentent fortement ainsi que, dans des proportions moins importantes, ses besoins en matières azotées, minéraux et vitamines.

L'énergie

Les divers besoins énergétiques de l'animal s'ajoutent les uns aux autres :

– le besoin d'entretien (BEE) ;
– le besoin de travail (en période de travaux) ;
– le besoin lié à la gestation ou à la lactation pour les femelles de trait ;
– le besoin lié à la croissance chez les jeunes animaux ;
– l'énergie dépensée par les animaux quand ils sont obligés de se déplacer sur de longues distances jusqu'au pâturage, ou pour trouver de l'eau ou de l'ombre ; le pâturage exclusif n'est pas recommandé pour les animaux de trait, surtout pendant la période des travaux.

Les besoins énergétiques relatifs au travail sont proportionnels à l'intensité et à la durée du travail ; un travail « moyen », d'environ 4 à 5 heures par jour, induit approximativement le doublement du besoin d'entretien (tableau 5.1).

Tableau 5.1. Besoins énergétiques moyens des bovins et des chevaux, en fonction du poids de l'animal et de l'intensité du travail.

	Poids vif bovins			Poids vif chevaux		
	200 kg	**300 kg**	**400 kg**	**200 kg**	**300 kg**	**400 kg**
Entretien	2,2 UFL/j	3,0 UFL/j	3,7 UFL/j	2,1 UFC/j	2,8 UFC/j	3,5 UFC/j
Entretien + 4 h travail*						
léger	3,0 UFL/j	4,2 UFL/j	5,3 UFL/j	3,1 UFC/j	4,2 UFC/j	5,2 UFC/j
moyen	3,2 UFL/j	4,5 UFL/j	5,8 UFL/j	3,7 UFC/j	4,9 UFC/j	6,1 UFC/j
fort	3,4 UFL/j	4,8 UFL/j	6,2 UFL/j	4,2 UFC/j	5,6 UFC/j	7,0 UFC/j
Travail h suppl.						
léger	0,16 UFL/j	0,25 UFL/j	0,35 UFL/j			
moyen	0,21 UFL/j	0,32 UFL/j	0,46 UFL/j			

* on essaie de caractériser l'intensité du travail en trois classes qualitatives : travail léger, moyen et fort, selon l'importance de l'effort requis.

UFC : On utilise une unité propre au cheval : l'UFC (Unité Fourragère Cheval).

(Les bibliographies en anglais indiquent souvent les données en TDN, *Total Digestible Nutrients*, ou NDT ; 1 kg de TDN, ou NDT = 4,409 Mcal d'énergie digestible = 3,615 Mcal d'énergie métabolisable).

Pour un bœuf de 250 kg de poids vif, soit 1 UBT (unité bétail tropical) exerçant un travail moyen :

– besoin quotidien d'entretien, environ 2,5 UFL (unités fourragères lait) par jour ;

– besoin quotidien de travail, environ 1 UFL supplémentaire par jour de travail.

Pour une vache du même poids (250 kg) exerçant le même travail moyen et produisant 5 litres de lait :
– besoin quotidien d'entretien, environ 2,5 UFL par jour ;
– besoin quotidien de travail, environ 1 UFL supplémentaire par jour de travail ;
– besoin énergétique de lactation, environ 2,5 UFL pour 5 litres de lait produits par jour.

Les besoins énergétiques des animaux de trait étant très importants, l'un des facteurs limitants en cas d'utilisation de fourrages médiocres va être la capacité d'ingestion des animaux. D'où la nécessité de leur donner des aliments de qualité : affouragement en stabulation et complémentation avec concentré si nécessaire.

Les matières azotées digestibles

Les bovins et les chevaux au travail ont peu de besoins supplémentaires en matières azotées digestibles, MAD, par rapport aux besoins d'entretien (tableaux 5.2 et 5.3).

Pour les bovins, les céréales fournies pour couvrir les besoins énergétiques supplémentaires apportent en même temps les matières azotées supplémentaires nécessaires.

Tableau 5.2. Besoins en matières azotées digestibles (MAD) en grammes par jour et par tête des bovins et des chevaux à l'entretien, en fonction du poids vif.

	Poids vif bovins			Poids vif chevaux		
	200 kg	300 kg	400 kg	200 kg	300 kg	400 kg
Besoins MAD (g/j)	160	216	268	150	200	250

Les minéraux

En période de travail, ce sont principalement les besoins en Ca, P et Na qui augmentent. P et Na sont toujours présents en faible quantité dans les fourrages tropicaux. Ces besoins moyens sont rappelés pour les deux espèces bovines et équines (tableau 5.4).

Les autres minéraux peuvent être apportés dans les mêmes quantités que pour l'entretien.

Tableau 5.3. Besoins totaux en matières azotées digestibles des bovins et des chevaux, en fonction de l'intensité du travail.

	Poids vif bovins			Poids vif chevaux		
	200 kg	**300 kg**	**400 kg**	**200 kg**	**300 kg**	**400 kg**
Travail 4 h						
léger	224 g/j	312 g/j	396 g/j	220 g/j	295 g/j	365 g/j
moyen	240 g/j	336 g/j	447 g/j	255 g/j	340 g/j	420 g/j
fort	256 g/j	360 g/j	468 g/j	290 g/j	385 g/j	480 g/j
Travail h suppl.						
léger	13 g/j	20 g/j	28 g/j			
moyen	17 g/j	26 g/j	37 g/j			

Tableau 5.4. Besoins moyens en minéraux.

Animaux	À l'entretien (g/kg de MS distribuée)			Au travail (g/kg de MS distribuée)		
	Ca	**P**	**Na**	**Ca**	**P**	**Na**
Bœuf	2,0	1,5	1,3	3,0	2,0	3,0
Vache	3,0	2,0	1,2	4,0	3,0	2,5
Cheval	2,7	1,8	1,6	2,7	1,8	3,5/4,1*

* en travail fort

Les chevaux ont aussi particulièrement besoin de Na et de K, qu'ils éliminent en grande quantité par sudation pour leur thermorégulation.

Une complémentation minérale est souvent nécessaire pour les animaux de trait. L'achat de « CMV », compléments minéraux et vitaminés, sous forme de blocs à lécher de fabrication industrielle ou artisanale est donc conseillé.

Les vitamines

Il faut surveiller les apports :

– en vitamine A, favorable à la croissance, à la vision, à la reproduction, à apporter sous forme de CMV ;
– en vitamine E présente dans les fourrages verts et les céréales ; une carence provoque des troubles musculaires ou nerveux ;
– en vitamine B.

▌▌ L'eau

Il est primordial d'apporter de l'eau en quantité suffisante et de façon régulière, à tout animal qui travaille. Les quantités d'eau nécessaires, sont variables, en fonction :

– du climat et en particulier de la température ;
– de la nature de la ration, qui peut apporter plus ou moins d'eau, des fourrages verts pouvant contenir 20 % seulement de matière sèche et donc 80 % d'eau ;
– de la production, de l'intensité du travail, de la production laitière pour les femelles.

Une déshydratation, même légère, accroît considérablement la fatigabilité de l'animal. Une déshydratation plus importante peut être à l'origine d'accidents de travail, parfois mortels.

L'eau doit être de bonne qualité, de composition équilibrée en sels minéraux et exempte de contamination parasitaire ou bactérienne. Eviter les eaux magnésiennes (les eaux « natronées »), qui peuvent entraîner des troubles intestinaux.

• Les bovins

En saison sèche, un bœuf de 300 kg doit recevoir 15 à 30 l d'eau selon la saison, la ration et le travail. En saison des pluies, avec des fourrages plus verts, les quantités d'eau à prévoir sont bien inférieures à celles distribuées en saison sèche.

En période de travail, abreuver si possible les bovins de trait 3 fois par jour ; l'abreuvement à midi (pendant la pause, aux heures chaudes) est important si l'animal travaille toute la journée.

• Les buffles

Leurs besoins en eau sont plus importants que pour les autres espèces, pour l'abreuvement et pour assurer leur thermorégulation, d'où leur comportement naturel de « *wallowing* », ou bain de boue.

• Les chevaux

Les besoins en eau des chevaux sont élevés du fait de leur thermorégulation par sudation.
– Besoins d'entretien : 3,5 l/kg de MS (matière sèche) ingérée.
– Besoins au travail : 4,5 l/kg de MS ingérée.

Soit 18 à 33 l/j pour un cheval de 300 kg, selon les besoins, de l'entretien au travail intensif.

En raison de leurs besoins élevés en eau, il est conseillé de les abreuver le plus souvent possible, à chaque pause.

Les aliments disponibles

▷ Les fourrages et les aliments concentrés

On peut classer les aliments en deux catégories principales : les fourrages et les aliments concentrés.

Les fourrages (photos 5.1, 5.2, 5.3), qui constituent la ration de base, sont issus du pâturage, de cultures fourragères, de résidus de récolte, de sous-produits de culture (fanes d'arachides). Leur qualité est variable et ils sont souvent riches en fibres et pauvres en azote.

Les aliments concentrés sont riches en énergie et en azote, pauvres en fibres : tourteaux, mélasse, sons de céréales, farines diverses, sous-produits agricoles ou agro-industriels.

Photo 5.2.
Portage du fourrage naturel par des ânes au Sahel, Niger (photo F. Lhoste).

Photo 5.3.
Transport attelé de fourrage naturel : charrette équine au Mali (photo É. Vall).

Quel que soit le lieu, il faut privilégier les aliments disponibles localement, sur l'exploitation, au village ou dans la région.

Les valeurs alimentaires pour les principaux aliments sont classiques et disponibles dans les manuels d'alimentation ou autres mémentos (notamment le *Mémento de l'agronome*, Cirad, Gret, MAE, 2009).

▍ Les réserves fourragères

La constitution d'un stock de fourrage est indispensable pour préparer l'animal à la période des travaux.

À cette époque de l'année, en milieu et fin de saison sèche, les ressources fourragères d'origine agricole et pastorale sont de faible valeur nutritive et en quantité limitée. Il faut prendre en compte l'inadéquation, en saison sèche, des ressources fourragères naturelles en regard des besoins des animaux de trait.

Les réserves fourragères sont principalement constituées à partir des cultures fourragères, des résidus de récolte, notamment de céréales et

fanes de légumineuses à graines ; des sous-produits agricoles ou agro-industriels peuvent compléter ces réserves.

On peut aussi récolter du foin, des pailles (herbes sèches : photo 5.4) sur pâturages naturels ou des jachères. Parfois, ce sont les feuilles et branchages de ligneux, riches en matières azotées, qui permettront d'assurer une complémentation en période de soudure.

La préparation et la conservation des fourrages

La constitution des réserves fourragères suit une séquence logique :
– déterminer la durée de la période à couvrir, entre la fin de la période de bonne productivité des pâturages et le redémarrage de la végétation après les premières pluies ;
– estimer les besoins alimentaires de ses animaux de trait ;
– estimer la quantité de fourrage qu'il est nécessaire de stocker pour complémenter ses animaux en saison sèche ;
– estimer les surfaces nécessaires pour produire les fourrages correspondant à cette complémentation ;
– prévoir la récolte, la conservation et le stockage des fourrages correspondants. Il faut viser la récolte des fourrages au stade optimal,

Photo 5.4.
Stockage du fourrage naturel sur le toit de l'étable fumière, Sénégal (photo P. Lhoste).
Noter la fosse creusée dans le sol, destinée à accueillir les animaux (bovins de trait) pour la fabrication du fumier.

c'est-à-dire quand la valeur nutritive des plantes est intéressante. Par exemple, collecter les pailles d'herbes de brousse, le plus tôt possible, dès le début de la saison sèche.

La conservation des fourrages peut être envisagée sous différentes modalités :

– pailles, herbe récoltée sèche, de valeur alimentaire faible ;
– foin, obtenu par séchage, dont la valeur alimentaire est proche de celle de l'herbe au moment de la récolte ;
– ensilage : cette méthode, plus technique et plus lourde à mettre en place est peu utilisée en petite agriculture des zones tropicales.

La bonne alimentation de l'animal

La stabulation où sont distribués les aliments complémentaires (fourrages conservés et concentrés), doit permettre à l'animal de s'alimenter et de s'abreuver, mais aussi de se reposer correctement.

Sa conception doit aussi permettre de fabriquer du fumier à partir des litières et refus alimentaires et des déjections des animaux.

L'élaboration d'une ration pour animal de trait est classique. Il faut tenir compte de l'ensemble des besoins et des particularités de chaque animal (voir ci-dessus : Les besoins alimentaires).

Sur le plan pratique, il peut être difficile de réaliser une ration équilibrée avec les produits disponibles localement. Les rations distribuées, en période de travail, doivent privilégier les apports énergétiques.

▮▶ Les modalités et le rythme de distribution

L'animal effectue toujours un tri parmi les aliments qu'on lui distribue ; ces « refus » peuvent le plus souvent être incorporés à la litière pour fabriquer du fumier. Il faut donc, en principe, distribuer une quantité de fourrage supérieure à celle que peut consommer l'animal.

En période de travail, l'éleveur doit tenir compte du temps nécessaire à l'animal pour ingérer et ruminer sa ration.

• Les bovins

S'ils sont gardés en stabulation, nourrir les bovins deux fois par jour, matin et soir ou midi et soir.

S'ils sont nourris au pâturage, il faut leur garantir un minimum de six heures de temps de pâture par jour.

• Les chevaux

Les chevaux sont très sensibles à la qualité des aliments et la régularité de leur distribution (photo 5.5, p. 83).

Les aliments sont distribués en trois fois, si possible : la plus grande quantité étant distribuée le soir après le travail.

Les concentrés peuvent être distribués deux heures avant le début du travail sans que cela gêne l'animal. En revanche, il faut éviter de donner trop de fourrage avant le travail.

La capacité d'ingestion et l'adaptation des rations

Dans le cas des animaux de trait, une des limites à la satisfaction de leurs importants besoins énergétiques est leur capacité d'ingestion, en particulier lorsque les fourrages sont de mauvaise qualité : d'où l'importance de leur fournir des aliments de bonne qualité et des concentrés pour satisfaire leurs besoins alimentaires plus élevés en période de travail.

Lorsque les besoins ne sont pas couverts, l'animal doit mobiliser ses réserves corporelles. Il mobilise d'abord ses réserves adipeuses, puis ses muscles, ce qui entraîne alors une dégradation de l'état général de l'animal et une forte diminution de son efficacité au travail. On observe alors des troubles métaboliques graves.

En conséquence, l'animal doit aborder la période de travaux avec un embonpoint correct et son état doit si possible être maintenu durant toute la période des travaux.

L'état corporel

L'état corporel des animaux est un bon indicateur, facile à apprécier sur le terrain.

La note d'état corporel, « NEC », est donc pratique, moins contraignante et moins coûteuse que les pesées.

Les schémas présentés donnent les principaux points de repère anatomique pour établir les NEC des ânes et des bovins.

• Les ânes

Points de repère de l'état corporel chez les ânes : vue de l'arrière, pour la note de dos, et vue de côté, pour la note de flanc (figures 5.1 et 5.2).

Le seuil critique en dessous duquel il faudrait éviter de passer, pour un âne de trait, est la note de 2,5.

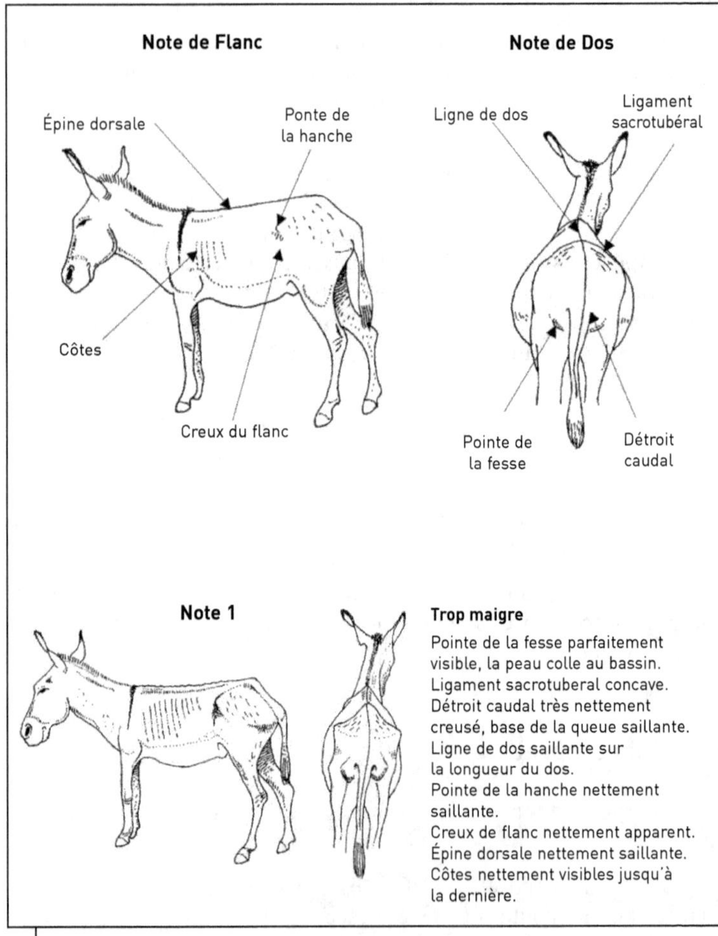

Figure 5.1.
Notes d'état corporel de flanc et de dos chez l'âne (présentation anatomique et NEC 1) (Vall, 2002).

Note 2

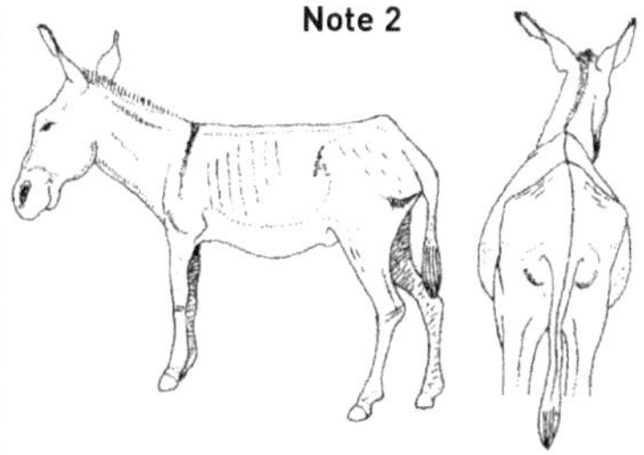

Apte aux travaux légers

Pointe de la fesse parfaitement visible.
Ligament sacrotuberal concave à plat.
Détroit caudal : dépression nettement visible.
Ligne de dos visible sur la longueur du dos.
Pointe de la hanche visible.
Creux de flanc visible.
Épine dorsale visible sur toute la longueur.
Côtes visibles sur l'avant du thorax.

Note 3

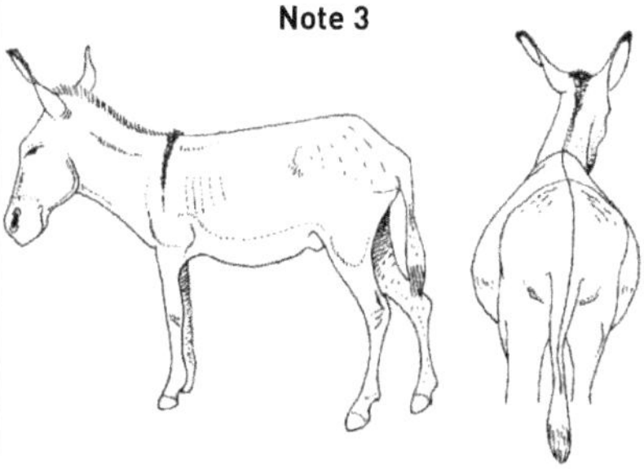

Apte au travail

Pointe de la fesse visible, dépôt de gras sensible au touché.
Ligament sacrotuberal plat àconvexe.
Détroit caudal : dépression légèrement visible.
Ligne de dos légèrement apparente sur la partie antérieure du dos.
Pointe de la hanche à peine visible.
Creux de flanc très léger.
Épine dorsale à peine visible.
Côtes invisibles (ou très légèrement à l'avant du thorax).

Note 4

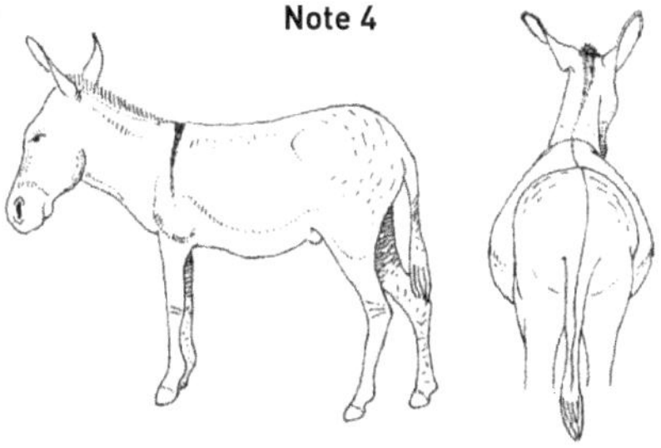

Un peu gras

Pointe de la fesse à peine visible, couverte de gras.
Ligament sacrotuberal convexe.
Détroit caudal comblé.
Ligne de dos parfaitement arrondie sur toute la longueur.
Pointe de la hanche pratiquement invisible.
Creux de flanc pratiquement invisible.
Épine dorsale invisible.
Côtes invisibles.

Figure 5.2.
Notes d'état corporel de flanc et de dos chez l'âne (NEC de 2 à 4) (Vall, 2002).

• Les bovins

Pour les bovins de trait, la note d'état optimale se situe donc entre 2,5 et 3,5 et ne devrait pas descendre en dessous de 2 (figures 5.3 et 5.4).

Note 0

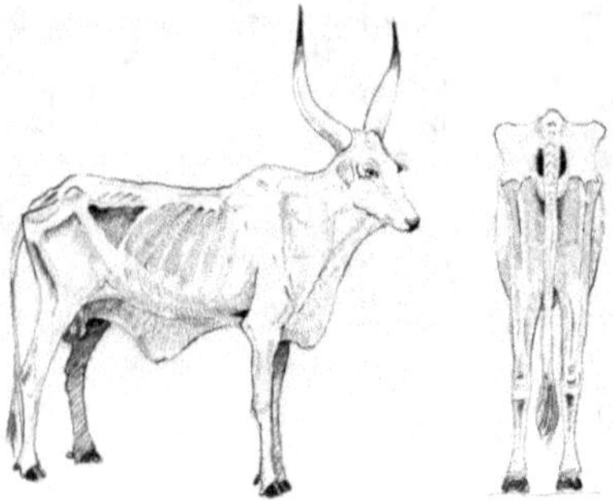

Cachectique

L'animal a un aspect général émacié.
Les côtes sont très saillantes.
Les apophyses transverses sont
individualisées. La pointe de la
hanche se détache en forme de crête
osseuse. Le creux du bassin est très
profond et les bords sont tranchants.
La bosse est très réduite.
De dos, la croupe est saillante
et osseuse. L'épine dorsale est
tranchante. La base de la queue est
osseuse ainsi que les pointes des
fesses. Enfin, les cuisses sont très
maigres.

Note 1

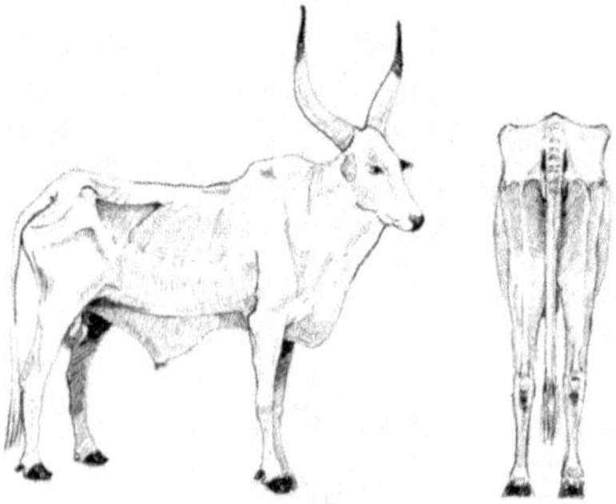

Trop maigre pour le travail

L'animal a un aspect général maigre.
Les côtes sont saillantes. Les
apophyses transverses sont très
saillantes et forment un angle vif.
La pointe de la hanche est saillante.
Le creux du bassin est profond.
La bosse est réduite.
De dos, la croupe est saillante.
L'épine dorsale est saillante. À la
base de la queue, le détroit caudal
est profond. Les pointes des fesses
sont saillantes. Enfin, les cuisses sont
maigres.

Note 2

Acceptable pour travaux légers

L'animal a un aspect général assez
maigre. Les côtes sont visibles.
Les apophyses transverses sont
encore très saillantes avec angle vif.
La pointe de la hanche est visible.
Le creux du bassin est bien marqué.
La bosse est peu développée.
De dos, la croupe est proéminente.
L'épine dorsale est bien visible. À la
base de la queue, le détroit caudal est
visible. Les pointes des fesses sont
visibles. Enfin, les cuisses sont un
peu maigres.

Figure 5.3.
Notes d'état corporel (NEC de 0 à 2) chez les bovins de trait : zébus de trait de race
Bororo, de flanc et de dos dans différents états corporels.

Note 3

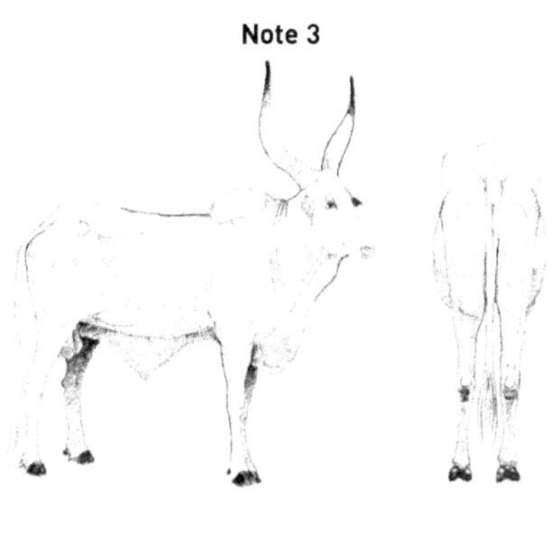

Apte au travail

L'animal a un bon aspect général. Les côtes sont couvertes. Les apophyses transverses sont saillantes. La pointe de la hanche est couverte. Le creux du bassin est marqué. La bosse est développée. De dos, la croupe présente une légère concavité de part et d'autre de la queue. L'épine dorsale est perceptible. À la base de la queue, le détroit caudal n'est pas visible. Les pointes des fesses sont couvertes. Enfin, les cuisses sont musclées.

Note 4

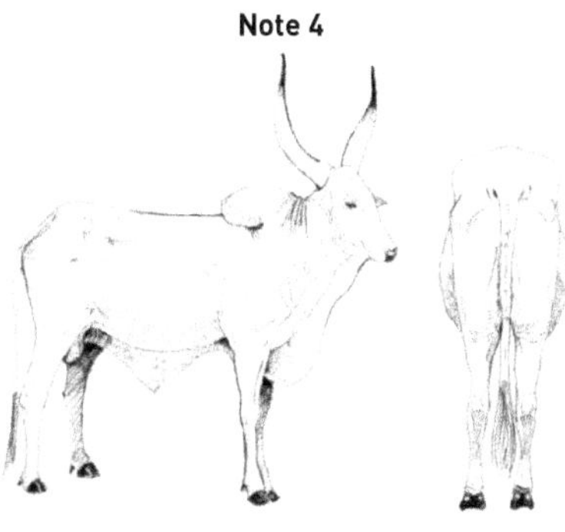

Apte au travail

L'animal a un aspect général bien couvert. Les côtes ne sont pas apparentes. Les apophyses transverses sont visibles. La pointe de la hanche est juste apparente. Le creux du bassin est perceptible. La bosse est bien développée. De dos, la croupe est recouverte. L'épine dorsale est repérable. La base de la queue est entourée par un léger dépôt adipeux. Les pointes des fesses sont juste apparentes. Enfin, les cuisses sont puissantes.

Note 5

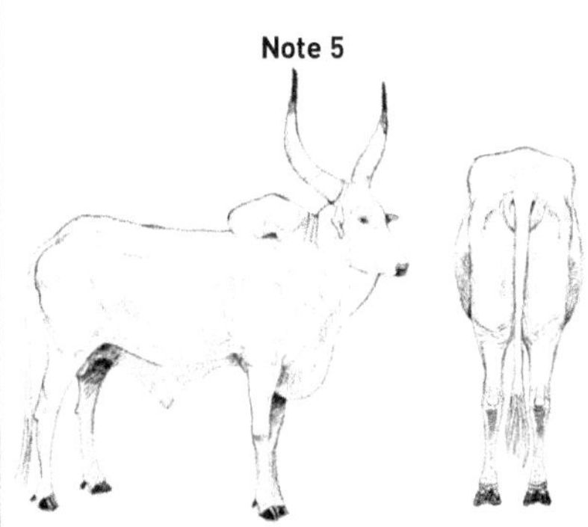

Un peu gras

L'animal a un aspect général gras et lisse. Les côtes ne sont pas détectables au toucher. Les apophyses transverses sont couvertes mais visibles. La pointe de la hanche est difficile à localiser. Le creux du bassin est peu perceptible. La bosse présente d'importants dépôts adipeux. Sa forme est très variable. De dos, la croupe est rebondie. L'épine dorsale est peu repérable. La base de la queue est entourée par un important dépôt adipeux. Les pointes des fesses sont difficiles à localiser. Enfin, les cuisses sont puissantes.

Figure 5.4.
Notes d'état corporel (NEC de 3 à 5) chez les bovins de trait : zébus de trait de race Bororo, de flanc et de dos dans différents états corporels.

▌ Le calendrier et l'organisation de l'affouragement

Pour diverses raisons (culture attelée, transport, préparation...), les animaux de culture attelée ne peuvent en général pas partir en transhumance avec les troupeaux d'animaux de production. Le cycle annuel se divise, d'un point de vue alimentaire, en cinq périodes (tableau 5.5).

Tableau 5.5. Calendrier d'affouragement des animaux de culture attelée.

Période	Besoins de l'animal	Disponibilités alimentaires	Complémentation
Avant la période de culture, en fin de saison sèche	Importants. Remise en état des animaux et travaux de préparation des terres.	Herbe peu abondante et de mauvaise qualité. Temps important consacré à la recherche d'aliments. Animaux affaiblis par les mois de sécheresse.	Oui, et de façon assez importante. Nécessité d'avoir constitué des stocks.
Pendant la saison des pluies	Animal modérément sollicité : transport, entretien des cultures.	Herbe abondante et de bonne qualité nutritive.	Non, sauf minéraux. L'animal mange de l'herbe riche et reconstitue ses réserves.
Au moment des récoltes	Sollicitation pour les récoltes et les transports.	Résidus de cultures accessibles et abondants.	Eventuellement.
Après les récoltes	Animal peu sollicité, sauf pour les transports.	Pâturages naturels et résidus agricoles. Qualité nutritive insuffisante, notamment en apport azoté.	Eventuellement, complémentation azotée, comme paille, urée.
Pendant la saison fraîche	Animal peu sollicité, sauf pour les transports.	Pâturages naturels, herbe sèche de qualité médiocre. Arbres fourragers.	Commencer à complémenter pour éviter que l'animal ne perde trop de poids.

Photo 5.5.
Alimentation du cheval, à l'écurie, avec du fourrage vert, Sénégal
(photo P. Dugué).

Il n'existe pas d'organisation standard de l'affouragement. L'exploitant doit tenir compte de contraintes parfois contradictoires :

– d'un côté, il est nécessaire de limiter les déplacements de l'animal par attache ou parcage pour éviter les dégâts sur les cultures et avoir l'animal à disposition en temps voulu ;
– de l'autre, l'éleveur souhaite que l'affouragement constitue un minimum de travail supplémentaire et a tendance à laisser l'animal chercher lui-même sa ration.

Bien gérée, l'alimentation des animaux de trait devient un élément important de l'association de l'agriculture et de l'élevage.

Quelques aspects spécifiques de l'alimentation des autres espèces

Les ânes

Les ânes sont réputés peu exigeants et ils valorisent des fourrages relativement pauvres ou peu utilisés par les autres animaux. Si cela est vrai, une large variété de plantes est cependant nécessaire au pâturage pour un équilibre naturel de la ration. Les animaux mis au piquet doivent notamment être changés de place régulièrement, selon l'abondance de la ressource.

De la même façon, l'âne résiste bien à la soif, mais doit être abreuvé avec de l'eau fraîche et propre si possible, au minimum matin et soir, et aussi pendant les pauses si l'animal travaille beaucoup et par temps chaud.

La ration doit être supplémentée dans les cas suivants :
– si le fourrage à pâturer localement est trop pauvre ou trop peu abondant, dans le cas de sécheresse, de surpâturage ;
– si l'animal est obligé de parcourir de longues distances pour trouver sa nourriture ;
– en période de travail intense, notamment s'il ne dispose pas de six heures par jour pour paître ;
– pour les femelles, lors des trois derniers mois de gestation et pendant la lactation.

Physiologiquement, les ânes mangent en petites quantités et fréquemment ; il est conseillé de diviser la prise quotidienne de nourriture au minimum en deux fois − la moitié le matin, l'autre moitié le soir − si cela est possible.

Comme pour les chevaux, il faut éviter de donner trop de fourrage le matin avant le travail, mais plutôt en prévoir une certaine quantité pour le soir après le travail.

Les buffles

L'alimentation des buffles est souvent négligée, ce qui empêche les animaux d'exprimer tout leur potentiel de travail et devient une contrainte de production dans toutes les régions. Les protéines constituent le premier facteur limitant, suivi par l'énergie.

Les buffles ont la réputation d'avoir un coefficient d'utilisation digestive des fourrages pauvres et de l'azote plus élevé que celui des bovins. Ils ont cependant besoin de paître une plus grande diversité de plantes.

En ce qui concerne la ration, en saison sèche, les buffles se nourrissent principalement de la végétation qu'on les laisse pâturer aux abords des villages, le long des routes, en bordure de rizière. Ils mangent

également des sous-produits des cultures, notamment la paille de riz. Il faut rappeler la faible valeur alimentaire de cette paille de riz non traitée et aussi l'intérêt d'améliorer les conditions de distribution et de fabrication de fumier.

En période de travail, les buffles sont souvent complémentés la nuit en herbe coupée et en foin. Leurs besoins en eau sont plus élevés que ceux du bétail classique.

Les yaks

La base de l'alimentation des yaks est quasiment toute l'année la végétation des pâturages des hauts plateaux d'Asie, aux prairies humides et froides et aux steppes arides et froides. Beaucoup de paysans constituent de petites réserves de fourrage pour l'hiver, mais uniquement à l'intention des animaux malades ou faibles.

En système agropastoral, à altitude moindre, les animaux destinés au labour reçoivent parfois, en période de travaux agricoles, une complémentation sous forme de grains d'avoine ou de pois distribués le soir après le travail.

Les animaux de bât travaillent souvent toute la journée et ne sont laissés au pâturage que la nuit.

Les camélidés

Les besoins énergétiques et azotés

– Besoins énergétiques d'entretien du dromadaire adulte : 2 UF/100 kg de poids vif, majorés de 25 % pour les animaux en déplacement quotidien.
– Besoins azotés d'entretien : 90 g de protéines brutes/100 kg de poids vif, valeurs inférieures à celles des autres herbivores domestiques en raison de leur capacité de recyclage de l'azote.

Les minéraux

– Besoins en sel élevés en comparaison des autres herbivores : 20 g/100 kg de poids vif.
– Besoins d'entretien en Ca : 4g/100 kg de poids vif ; en P : 2,5 g/100 kg de poids vif, coefficient d'utilisation digestive des Ca et P plus élevés que chez les bovins.

Les règles d'alimentation et d'abreuvement

– Base de l'alimentation des dromadaires : pâturages terrestres et aériens + résidus de récolte. Les dromadaires valorisent particulièrement bien la végétation des zones sèches, notamment les ligneux comme *Acacia* spp.

– Temps de pâturage et de rumination : besoin d'un temps suffisant, surtout si l'animal consomme des ligneux. Les dromadaires pâturent le matin, le soir et la nuit, mais jamais aux heures chaudes. Si l'animal est gardé en stabulation, son alimentation peut se composer d'un mélange de fourrages secs et frais hachés, constitué de légumineuses, de feuilles d'arbre, de résidus de récolte.

– Travaux lourds : il est nécessaire d'apporter des concentrés, en soirée, mil, avoine, graine de coton, son de riz.

– Abreuvement des chameaux et des dromadaires au travail : tous les deux jours, 50 à 60 l ou, de préférence, tous les jours, 20 l, avec une eau de bonne qualité et propre. Ne pas faire travailler les animaux juste après l'abreuvement, les entraver ou les parquer pendant 1 à 2 heures.

6. Le bien-être, le logement et la santé de l'animal de trait

Le bien-être de l'animal de trait

L'intérêt relativement récent porté à la notion de « bien-être animal » est de plus en plus prégnant dans les pays industrialisés ; mais ce bien-être animal est encore plus ou moins bien pris en compte dans les élevages des pays en développement. Pour les animaux de trait, en Afrique par exemple, de gros progrès restent à faire dans ce domaine (plaies, souffrance au travail, etc.), surtout en ce qui concerne les ânes utilisés pour le transport du bois en Afrique de l'Ouest, souvent dans des conditions difficiles : surcharge, trajets très longs sur route…

Les principes à respecter en termes de bien-être animal ont un caractère générique et ils peuvent s'exprimer par 5 règles (liste non exhaustive) admises par nombre d'institutions :

– éviter la douleur au cours de l'élevage et de la réforme ;
– limiter, contrôler et soigner les pathologies, plaies, lésions ;
– éviter ou limiter les stress climatique, physique, ou autre, ainsi que la peur ;
– éviter les souffrances de faim, de soif ou de malnutrition ;
– permettre aux animaux d'exprimer des comportements normaux, propres à chaque espèce.

Il est clair que ces principes peuvent et doivent être appliqués prioritairement aux animaux de trait, compte tenu de leur rôle essentiel auprès des petits agriculteurs (voir chapitre 2).

Cela peut donc se traduire par quelques règles plus spécifiques et adaptées aux animaux de trait :

– Au cours du dressage : limiter le stress, opérer avec fermeté mais sans brutalité, assurer une bonne alimentation et un abreuvement régulier, ménager des temps de repos… (voir chapitre 4).
– Au cours du travail : adapter l'équipement et l'effort à la capacité de l'attelage, respecter les temps de travail, limiter les efforts au cours des heures chaudes de la journée, ménager des pauses sous ombrage et assurer un abreuvement plus fréquent. Il faut évidemment être encore

plus attentif aux jeunes animaux de trait dont la croissance n'est pas terminée et aux femelles qui peuvent être en gestation ou en lactation. Nous avons en effet indiqué plus haut (chapitre 3) qu'il peut être intéressant de faire travailler des femelles (vaches, juments, bufflesses) et que cela pouvait se poursuivre, pour des travaux légers, pendant une bonne partie de la gestation et au-delà des premières semaines de lactation ; il n'en reste pas moins qu'il faut alors être particulièrement attentif au bien-être de ces femelles reproductrices en respectant les règles évoquées : alimentation, abreuvement, repos, etc.

– Le logement est un élément important du bien-être des animaux de trait (voir ci-dessous) : il faut donc assurer des conditions de logement de nuit, en particulier, qui permettent à l'animal de se reposer correctement, et, si possible de s'alimenter et de s'abreuver à l'étable ou au parc de nuit (photo 6.1). Le logement doit être sain, ce qui limite aussi les risques sanitaires, et les déjections animales (fèces et urines) ne doivent pas provoquer de gène ni de nuisances (mouches, boues, etc.) pour le repos des animaux. Des propositions sont faites pour bien gérer ces déjections, ci-dessous. Certaines espèces expriment des comportements particuliers qui exigent de ménager un accès à certains espaces (exemple : les ânes et les chevaux se roulent souvent dans le sable et la terre, les buffles des rivières ont besoin de bains de boues, les ruminants d'espace pour ruminer).

– En termes d'alimentation et d'abreuvement : la saison des travaux au champ (labours notamment) arrivant après la saison sèche, les animaux de trait sont souvent en mauvais état corporel, s'ils n'ont pas été complémentés en fin de saison sèche. Il faut, bien sûr, être particulièrement attentif aux besoins alimentaires (y compris l'eau) des femelles de trait, si elles doivent travailler pendant la période d'allaitement...

– Effectuer un suivi sanitaire régulier et strict tout au long de l'année : prendre en compte la saisonnalité des pathologies (détiquage en saison des pluies, périodes de vaccinations), l'état physiologique des animaux, le type de travail requis.

– Apporter un soin particulier à la finition des harnachements et aux matériaux entrant dans leur fabrication : éviter les matériaux synthétiques, les pneumatiques et les chambres à air qui peuvent provoquer des blessures au contact de la peau.

– Éviter l'utilisation prolongée d'équipements provoquant des vibrations qui sont inconfortables pour les animaux, comme les outils de travail à la dent en sec, des faucheuses à moteur tirées par les animaux.

Photo 6.1.
Étable pour bœufs de trait au Sénégal (photo P. Lhoste).
Noter la qualité de l'abri ainsi que l'abondance de la paille et du fourrage.

Le logement de l'animal de trait

Localisé à proximité du lieu de résidence de l'utilisateur, le logement doit fournir un bon confort à l'animal de trait et il facilite aussi un contact permanent des animaux avec l'éleveur.

Dans son principe, le logement des animaux de trait doit comprendre, si possible :

– un enclos où les animaux peuvent être entravés ou libres (« stabulation libre »), mais à la disposition de l'homme qui vient les chercher ou leur apporter alimentation et abreuvement. C'est également une aire de repos ;
– des dispositifs de distribution de l'eau et de la nourriture, tels que seaux, mangeoires, râteliers à fourrage et auges ;
– un système de contention avec simples piquets d'attache, stalle ou couloir de contention ;
– un abri contre les intempéries ou le soleil, parfois réduit à un groupe d'arbres. Une construction simple est préférable, étable simple ou aménagée pour la gestion du fumier ;
– un système de concentration des déjections ou du fumier.

▌▶ Le parc de nuit

Dans la pratique, les agriculteurs logent souvent leurs animaux de trait dans un petit parc de nuit, situé, si possible, à proximité des habitations.

Ce parc constitué d'une clôture sommaire doit comprendre, à l'intérieur : un abri pour les animaux et parfois des piquets d'attache, les réserves de fourrage, la fosse fumière et si possible des dispositifs simples d'alimentation et d'abreuvement (figure 6.1). Si les animaux sont laissés libres de leurs mouvements dans ce parc de nuit on peut parler de « stabulation libre ».

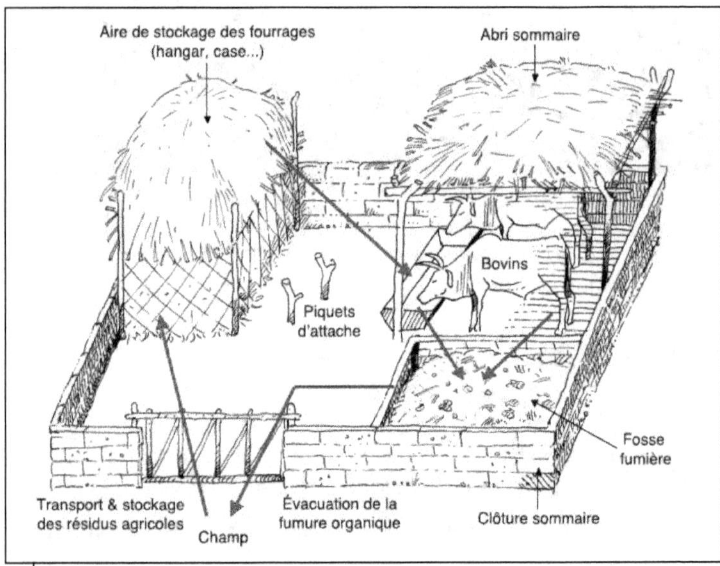

Figure 6.1.
Schéma d'un parc de nuit pour animaux de trait.

Pour les abris, il faut prévoir environ 4 à 5 m² par bovin avec une longueur de 2 m par animal. Pour la fosse un volume d'environ 9 m³ avec un muret cimenté (50 cm de haut) est souvent suffisant pour les animaux de trait d'une exploitation familiale. Un bovin adulte peut déposer environ 1,4 kg de matière sèche de fèces par nuitée stabulée et il peut piétiner et enrichir de ses déjections 3 à 4 kg de résidus pailleux par jour.

Dans la zone cotonnière du Mali, des « parcs améliorés » ont été développés ; il s'agit, là encore, d'une sorte de stabulation libre (dans

un petit enclos) permettant aux animaux de vivre sur la paille et le fumier en train de se former, pendant leur séjour de nuit ; ils participent ainsi à la fabrication du fumier grâce à des apports de résidus pailleux sur ce parc de dimension réduite ; les agriculteurs-éleveurs rentrent aussi l'ensemble de leur cheptel, dans ce parc de nuit, s'ils disposent d'animaux d'élevage, en plus de leurs animaux de trait.

L'étable

L'étable proprement dite est un abri clos. Les animaux sont soit entravés (photo 6.2), soit libres de leurs mouvements comme dans un parc de nuit.

Il faut prévoir une largeur de 1,3 à 1,5 m et une longueur de 2,5 m, par animal stabulé, plus un couloir de 1 à 1,5 m derrière les animaux. Les

Photo 6.2.
Étable fumière couverte :
bovins entravés à l'auge,
Sénégal (photo P. Lhoste).

animaux sont attachés à une perche transversale par une chaîne ou une corde autour du cou. Le sol doit être dur, imperméable, en pente ou surélevé pour éviter la stagnation de l'eau et des urines. Un muret, à la base de l'abri, évite l'éparpillement des déjections à l'extérieur par les animaux et permet de récupérer ces déjections ou le fumier formé si l'on distribue une litière quotidienne aux animaux. La litière comprenant ces déjections est mise en fosse fumière régulièrement, par exemple, chaque semaine.

La toiture doit être imperméable. Si elle est en chaume, elle doit être suffisamment épaisse et haute pour échapper aux coups de dents des animaux. Le toit peut être utilisé pour le stockage du fourrage. Le côté exposé au vent et à la pluie doit être, si possible, fermé, les autres côtés restant ouverts.

Ces abris doivent rester simples et peu coûteux ; ils sont réalisés, si possible, par les utilisateurs eux-mêmes, avec des matériaux locaux, gratuits ou de coût réduit.

La réalisation et la gestion de l'étable fumière

L'étable « fumière » est d'abord destinée à loger et gérer les animaux (repos, alimentation, abreuvement, contention, soins, etc.) ; mais elle vise aussi la production d'un fumier de qualité, stocké sous l'étable à l'abri du soleil et de la pluie, et élaboré par les animaux eux-mêmes sans manutention de la part de l'éleveur. Ce type d'étable doit être implanté sur un terrain non inondable en saison des pluies. Le sol est creusé de 0,5 à 1 m de profondeur. Le fond peut être cimenté ou consolidé par des matériaux durs comme de la latérite, pour limiter les infiltrations de purin, celui-ci devant être absorbé par la litière, dans l'optique de la fabrication du fumier.

Une rampe d'accès à la fosse, en pente douce, peut être aménagée à l'une des extrémités de l'étable pour faciliter l'accès des animaux et surtout permettre de sortir le fumier avec une charrette.

Les mangeoires et abreuvoirs sont mobiles et peuvent être déplacés quand la couche de fumier augmente. La fosse sera si possible vidangée une ou deux fois par an et le transport du fumier se fera avec une charrette.

La fumure animale

Les dispositifs variés s'inspirant de l'étable-fumière visent en particulier à produire un fumier de qualité en vue de l'entretien de la fertilité des champs. Il faut tenter d'optimiser cette production de fumure car souvent, les quantités produites sont insuffisantes par rapport à la superficie des parcelles à fertiliser.

Pour fabriquer un bon fumier, il est nécessaire :

– de fournir en litière de la matière organique végétale, qui sera enrichie par les fèces et les urines des animaux ; cette litière provient parfois des « refus », c'est-à-dire de la partie des fourrages grossiers (pailles, résidus de récoltes, foins, etc.) qui n'est pas bien consommée par les animaux ;
– d'humidifier le mélange (litière + fèces et urines) pour en favoriser le compostage ;
– de prévoir des capacités de transport, à la fois pour apporter les fourrages et les litières à l'étable et pour emporter le fumier vers les parcelles à fertiliser.

Les buffles

Les buffles ne disposent pas toujours d'un abri spécifique. Ils sont parfois gardés à l'attache à proximité de la maison du fermier, sous des arbres, ou dans la maison elle-même.

Un abri couvert qui leur est propre, toujours à proximité de l'habitation de l'éleveur leur est parfois consacré : le toit leur permet d'être à l'ombre aux heures chaudes de la journée et le dispositif se prête aussi à la fabrication du fumier (photo 6.3).

Les équidés

En Afrique, les ânes, considérés comme très rustiques et résistants, ne disposent que trop rarement d'un logement propre. Ils sont souvent simplement gardés à l'attache à proximité de la maison, ou même laissés à divaguer près des habitations.

Les ânes et les chevaux doivent disposer d'un abri, qui les protège de la pluie — ils supportent très mal l'humidité —, des mouches, du soleil, des vents violents et des nuits froides.

Les chevaux, animaux plus prestigieux, sont souvent mieux traités, tant pour le logement que pour l'alimentation. Une écurie simple, fermée sur trois côtés et correctement orientée, suffit. Les dimensions conseillées pour un animal sont de 3 m par 2 m.

Pour éviter l'humidité, le sol doit être bien drainé, les déjections régulièrement enlevées et la ventilation correcte.

Photo 6.3.
Buffles en stabulation libre au Laos (P. Lhoste).
Noter l'abri et les réserves de fourrages.

La santé

La prévention et le suivi sanitaire individuel

Respecter les règles élémentaires d'hygiène et de travail est le premier principe à appliquer pour gérer la santé des animaux de trait.

La prévention par l'hygiène est d'autant plus nécessaire que les troubles de santé chez l'animal de trait se traduisent souvent par l'impossibilité d'utiliser l'attelage, ce qui peut occasionner des pertes économiques considérables.

Les soins hygiéniques systématiques, qui peuvent paraître fastidieux, visent à maintenir l'animal dans un état sanitaire correct. Ils présentent aussi l'avantage de familiariser les agriculteurs avec leurs animaux. Ils permettent ainsi d'entretenir ce rapport privilégié avec l'animal qui se révèle très utile à diverses occasions, depuis le dressage et pendant toute la carrière de travail de l'attelage.

Les animaux de trait se différencient des animaux des troupeaux d'élevage extensif car, en nombre réduit et entretenus à proximité de l'homme, ils ont aussi une valeur d'usage plus importante. On peut donc envisager, non pas seulement une médecine vétérinaire de masse, mais aussi une médecine individuelle.

Les animaux de trait doivent bénéficier en priorité des prophylaxies obligatoires ou proposées à titre onéreux (vaccinations, déparasitage...). Ils peuvent également recevoir des traitements individuels relativement lourds ou chers du fait de leur valeur élevée.

La prévention des principales maladies

Il est encore plus important pour les animaux de trait que pour les autres, d'effectuer les vaccins obligatoires dans le cadre des campagnes de lutte contre les grandes épizooties. Il en va de même des déparasitages internes et externes.

Le stress du travail peut en effet aggraver les effets des maladies parasitaires, auxquelles il faut être attentif. (Voir ci-dessous, Les maladies graves et Les maladies aggravées par le travail). Dans cette optique, la chimioprévention de la trypanosomose sera souvent à effectuer, dans les zones humides et sub-humides.

Les soins importants

Au quotidien, il est important que l'agriculteur veille, dans différents domaines, à l'hygiène de ses animaux de trait, par un certain nombre de pratiques qui sont présentées au tableau 6.1.

De plus, la stabulation doit être maintenue dans un état de propreté et non humide :

– mise en fosse régulière de la litière,
– nettoyage régulier des auges, seaux et mangeoires.

Tableau 6.1. Organisation des soins d'hygiène quotidienne.

Hygiène du travail	– Assigner à l'animal un travail raisonnable, en rapport avec ses capacités de traction et son endurance. – Ménager des pauses suffisantes, pendant lesquelles l'animal peut éventuellement, se reposer, s'abreuver, s'alimenter et ruminer. – Adopter un rythme de deux séances de travail de trois heures chacune avec une pause de deux à trois heures, à l'ombre pendant les heures les plus chaudes de la journée. – Éviter de travailler aux heures les plus chaudes de la journée ou lorsque l'hygrométrie est très élevée, car la thermorégulation des animaux est plus difficile. – Être attentif aux signes de fatigue : ralentissement important, augmentation de la fréquence des arrêts et du couchage, signes d'énervement ; augmentation de la fréquence respiratoire, salivation abondante…

Hygiène de conduite	– Fournir à l'animal une aire de repos ombragée.
	– Fournir alimentation et eau en quantité et fréquence suffisantes.
	– Pour les ânes et les chevaux en particulier :
	  – pansage à sec quotidien, en insistant sur les zones de contact avec le harnachement ou la selle, et curage des sabots ;
	  – doucher les membres de l'animal à l'eau froide en remontant lentement vers les coudes (surtout si la journée de travail a été chaude ou longue) puis le panser normalement.

Hygiène bi-hebdomadaire	– Pansage à l'eau froide, en insistant sur les zones de contact avec le harnachement et les zones qui ont transpiré, puis brossage. – Passer complètement l'animal en revue : plaies, zones de frottements, maladies cutanées… – Curage des pieds 2 fois/semaine (mieux tous les jours). – Vérifier en même temps l'état des onglons et l'éventuelle nécessité d'une taille. – Détiquage manuel, surtout en saison humide, en même temps que l'opération de brossage (bien regarder à l'intérieur des oreilles, sous la queue et sous le ventre de l'animal).

Les blessures et les boiteries

Les blessures

Les blessures et boiteries sont souvent occasionnées ou aggravées par une utilisation intensive des animaux pendant la période des travaux des champs (tableau 6.2 et photo 6.4).

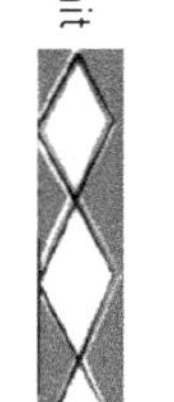

Tableau 6.2. Symptômes et traitements des blessures.

Types et causes	Circonstances d'apparition	Symptômes	Traitement
Contusions par coups	Punitions ou contraintes excessives	Du plus léger au plus grave : engourdissement musculaire ; épanchement de sang ; boiterie, jusqu'à paralysie.	Repos, compresses d'eau froide, pommade. Uniquement si l'hématome persiste, incision large et nettoyage, irrigation aux antibiotiques, pansement.
Plaies par défaut de harnachement, par coups	Mauvais harnachement, coups, chutes. Économiquement préjudiciables car les animaux ne travaillent plus.	Plaies : – à la base des cornes (fixation du joug) ; – à la base du garrot (idem). Plaies à la croupe très courantes, avec risque de cicatrice rétractile entravant les mouvements de l'animal.	Améliorer le harnachement. Mise au repos. Plaies superficielles : raser, nettoyer soigneusement, appliquer des pommades antibiotiques, protéger contre les mouches. Plaies profondes : ouvrir largement, parer, nettoyer avec des antibiotiques, si possible suturer. Pansement gras à renouveler souvent si suppuration ; antibiothérapie systémique. Sérum antitétanique si l'animal n'est pas vacciné.

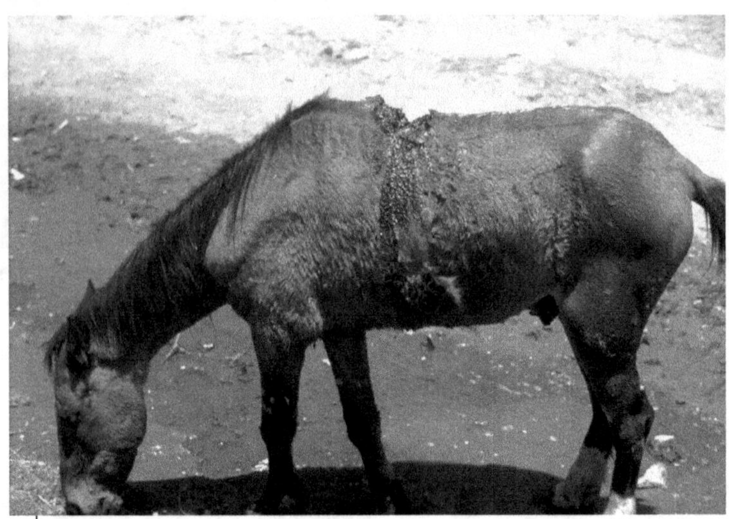

Photo 6.4.
Cheval victime d'une plaie de garrot provoquée par un harnachement défectueux
(photo CIRAD-EMVT).

Les boiteries

Tous les problèmes sur les membres des animaux de trait (blessures et boiteries) doivent être diagnostiqués précocement et traités sérieusement par l'utilisateur, sous peine de compromettre l'efficacité de l'attelage (tableau 6.3).

▌ Les maladies graves pour la traction animale

Des maladies cutanées se révèlent graves parce qu'elles entraînent la réduction ou l'arrêt du travail (tableau 6.4).

La pathologie est souvent liée au mode d'élevage.

Il faut surveiller les parasites externes (tiques, gale, teigne, poux) et tout particulièrement les tiques, dont l'infestation est surtout importante en saison des pluies ; elles provoquent spoliation sanguine et transmission de maladies. Dans le cas des animaux de trait, à effectif réduit, on peut effectuer un détiquage manuel, généralement suffisant pour la plupart des animaux d'un certain âge, qui sont prémunis.

Tableau 6.3. Symptômes et traitements des boiteries.

Types et causes	Circonstances d'apparition	Symptômes	Traitement
Tendinites fréquentes sur les membres antérieurs des bovins et des chevaux.	Efforts violents, notamment au démarrage. Arrêts brutaux de l'attelage sur obstacle. Embourbement en terrain humide ou boueux (rizière)	Tendinite aiguë : boiterie prononcée, canon enflé, épanchement de liquide au creux du pâturon. Tendinite chronique : boiterie qui augmente à chaud.	Tendinite aiguë : mise au repos de 15 j à 1 mois, bains d'eau froide, puis d'eau chaude quand l'inflammation s'est atténuée, bandage compressif élastique. Tendinite chronique : réforme.
Panaris interdigités, fourchets	Traumatismes répétés au niveau du pied, si sols humides et manque d'hygiène du pied.	Pied enflé, douloureux et chaud. Inflammation, nécrose du tissu du pied ; remonte parfois jusqu'au boulet ou au pâturon. Odeur de putréfaction.	Antibiotiques (sulfamides). Traiter rapidement sinon irrécupérable.
Entorses Surtout boulet, épaule, jarret, grasset.	Effort excessif de l'articulation, reculement forcé, virages brusques et courts, chute, terrains irréguliers.	Entorse grave : boiterie intense, grasset enflé, craquement au niveau articulaire. Entorse légère : boiterie discrète.	Entorse grave : réforme. Entorse légère : douche ou immersion dans l'eau froide, compresses et révulsifs, repos jusqu'à guérison.
Arthrite et arthrose surtout chez les bovins en fin de carrière.	Arthrite aiguë : infectieuse. Arthrite chronique : septicémie ou infection. Arthrose chronique : traumas légers répétés, travail excessif, défaut d'aplomb.	Dans tous les cas, articulations enflées et déformées. Arthrite aiguë : douleur et boiteries prononcées. Arthrose chronique : boiterie indolore.	Arthrite aiguë : agir rapidement, injections d'antibiotiques à large spectre, repos absolu. Arthrites chroniques et arthroses : souvent réforme.

Tableau 6.3. suite

Types et causes	Circonstances d'apparition	Symptômes	Traitement
Polyarthrite	Souvent bovins de 4-5 ans mis au travail trop tôt et mal alimentés.	Boulets enflés. Jarrets arqués. Les boiteries touchent les membres les uns après les autres.	Traitement difficile: alimentation, pierres à lécher ? Prophylaxie : mettre les bovins au travail à partir de 5 ans, si avant 5 ans, éviter les efforts violents.
Fractures	Terrains difficiles (parfois en rizière). Collisions avec d'autres usagers de la route.	Boiterie sans appui du membre fracturé, jeu palpable entre les deux abouts osseux ; éventuellement fracture ouverte.	Abattage.

Tableau 6.4. Symptômes et traitements des maladies graves.

Nom	Causes	Symptômes	Animaux affectés	Traitement
Dermato-philose	Bactérie : *Dermatophilus congolensis*, transmise par des tiques du genre *Amblyomma*, harnachement non désinfecté.	Grandes croûtes jaunâtres et épaisses sur la tête (chanfrein, pourtour des yeux), puis extension au reste du corps.	Bovins : races exotiques plus sensibles que les zébus et les taurins locaux. Incidence et gravité augmentent en saison des pluies.	Pas de vaccin efficace. Traitement antibiotique lourd et prolongé. Et toujours, lutte contre les tiques.
Dermatose nodulaire	Virus transmis directement, ou par des insectes piqueurs.	Fièvre, abattement, anorexie. Ganglions périphériques hypertrophiés, puis nodules cutanés (0,5-5 cm) sur la tête, l'encolure, les flancs, les membres.	Bovins uniquement.	Il existe des vaccins efficaces. Antibiothérapie de plusieurs jours conseillée. Consulter les services vétérinaires.
Lymphangite épizootique	Mycose à *Histoplasma farciminosum* (transmission par les mouches ?).	Nodule cutané indolore. Abcès chronique puis ulcères le long des vaisseaux lymphatiques.	Chevaux (grands rassemblements). Ânes, rarement.	Abattage immédiat. Désinfection des écuries.
Parasitisme externe	Tiques. Gale.	Épaississement de la peau, dépilation, irritation, animaux irritables et amaigris.	Important pour tous les animaux de trait.	Produits acaricides appliqués selon les consignes. Gale : Désinfection des locaux et du harnachement. Si résistance, Ivermectine.

On peut aussi pratiquer la pulvérisation manuelle, le brossage ou le « *pour-on* », épandage du produit acaricide sur la ligne du dos. Pour un petit effectif, ces traitements sont moins coûteux que les bains ou couloirs d'aspersion, non disponibles pour tous les éleveurs.

Le rythme de traitement conseillé est de une fois par mois en saison sèche, une fois par semaine en saison des pluies.

Tous ces produits acaricides doivent être utilisés avec soin et vigilance, car ils sont toxiques :
– il faut donc respecter les précautions d'emploi,
– éviter de traiter les femelles pleines, les animaux fatigués,
– être attentif à la présence éventuelle de blessures.

Il peut être intéressant de tolérer un niveau minimal d'infestation pour conserver une stabilité endémique. Les maladies sont transmises aux jeunes, qui développent alors une certaine résistance.

Une autre mesure très importante dans la lutte contre les tiques consiste à désinsectiser les locaux.

Les maladies aggravées par le travail

Les symptômes de certaines maladies, fatigue et immuno-dépression, peuvent être exacerbés par le travail demandé (tableau 6.5).

• Les yaks

De façon générale, très peu de moyens spécifiques de prophylaxie et de traitement sont mis en œuvre du fait de l'enclavement des régions où vivent les yaks et de l'isolement des populations qui utilisent ces animaux.

Les yaks sont sensibles à la majorité des maladies graves atteignant le bétail, comme :
– l'anthrax, qui a donné lieu à une vaccination dans de nombreuses régions,
– la peste bovine, sous contrôle à la suite de campagnes de vaccination,
– la péripneumonie contagieuse bovine,
– la fièvre aphteuse,
– les pasteurelloses.

Les yaks sont peu sensibles aux boiteries et aux affections du pied du fait de leur morphologie : membres courts et puissants, sabots solides dotés de bords très durs et d'une fourchette très étroite.

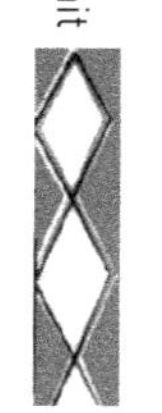

Tableau 6.5. Symptômes et traitements des maladies aggravées par le travail.

Causes, vecteurs	Symptômes	Animaux affectés	Remarques	Traitement
Trypanosomoses : glossines, taons et stomoxes. Parfois, transmission vénérienne chez le cheval.	Accès de fièvre intermittents. Œdèmes. Ganglions hypertrophiés. Amaigrissement, puis mort. Formes aiguë et chronique.	Tous, sauf taurins trypanotolérants. Zébus et équidés très sensibles. Ânes plus tolérants que chevaux.	Aggravées par un travail intensif, une mauvaise alimentation et un mauvais entretien.	Trypanocides curatifs ou chimiopréventifs. Application réservée aux services vétérinaires, car risque de développement de résistances.
Babésiose : protozoaires parasites des hématies. Transmission par les tiques.	Fièvre élevée (40-41 °C). Anémie. Sécrétions des muqueuses blanchâtres. Bovins : jaunisse, urines colorées. Chevaux : urines normales, paralysie du train postérieur, œdème du ventre et des membres.	Tous. Les animaux guérissent souvent mais restent porteurs.	Fatigue et alimentation insuffisante sont des facteurs déclenchants majeurs.	Intervention des services vétérinaires.
Theilériose : transmission par les tiques.	Forte fièvre (41-42 °C), plusieurs jours jusqu'à mort ou guérison. Inflammation des ganglions lymphatiques. Anémie, éruptions cutanées.	Bovins.	Les animaux guéris ne font pas de rechute.	Traitement précoce par les services vétérinaires.

Tableau 6.5. suite

Causes, vecteurs	Symptômes	Animaux affectés	Remarques	Traitement
Parasitoses gastrointestinales. Polyparasitisme : strongles digestifs (*Haemonchus*), trématodes (douve du foie), cestodes (ténias). Dromadaires : surtout strongles et cestodes (ténias). Chevaux : strongyloses fréquentes et massives.	Diarrhées liquides abondantes, parfois verdâtres. Amaigrissement progressif, affaiblissement. Œdèmes. Chamelon : haemonchoses parfois mortelles. Risque de coliques à répétition (cæcum) et de mort.	Tous, particulièrement importantes et graves chez les jeunes.	Pouvoir pathogène exacerbé chez les animaux soumis à un travail important et dont l'alimentation est insuffisante.	Importance du déparasitage préventif semestriel aux anthelminthiques : fin saison sèche et fin saison pluvieuse. Respecter les doses préconisées. Changer de molécule pour éviter l'apparition de résistances.

• Les buffles

Les buffles sont des animaux inféodés à la zone tropicale humide. Il est donc important :

– de les laisser exprimer leur comportement naturel de *wallowing*, consistant à se rouler dans la boue ou dans l'eau plusieurs fois par jour ;
– de ne pas les faire travailler aux heures chaudes de la journée, mais uniquement tôt le matin ;
– si nécessaire, de les asperger régulièrement pendant le travail ;
– de les laver le soir après les travaux au champ.

Le *wallowing* permet à l'animal qui sue peu de se thermoréguler, de se protéger des insectes et parasites ; les animaux qui ne peuvent exprimer ce comportement ont généralement un mauvais état sanitaire. À défaut de mares, il est important que le buffle ait accès en permanence à des zones ombragées. Les buffles, de par leur comportement de *wallowing*, sont très exposés aux endoparasites et, au contraire, moins atteints par les ectoparasites.

Les buffles sont sensibles aux maladies courantes du bétail, particulièrement aux pasteurelloses, septicémie hémorragique, à la variole du buffle.

• Les ânes

Si les ânes sont des animaux très à l'aise en climat semi-aride, ils redoutent l'humidité ou la saison des pluies, durant laquelle ils sont particulièrement sensibles aux maladies.

Les principales maladies sont :

– les maladies respiratoires (pneumonies). Elles peuvent être traitées par injection d'antibiotiques. Surtout, maintenir sec l'abri de l'animal ;
– les affections nécrotiques de la peau, qui apparaissent lorsque l'animal est laissé dehors sous la pluie. Adopter un traitement antibiotique local ou général. La prévention est toujours préférable ;
– les phénomènes d'infection et de pourriture du paturon, sur les animaux laissés pataugeant dans l'eau et la boue. Il faut garder les animaux au sec et nettoyer et sécher quotidiennement l'extrémité des membres.

L'âne, qui a parfois la réputation d'être un animal têtu et de moindre valeur, subit malheureusement plus de réprimandes et de coups que les autres espèces (photo 6.5).

Ces méthodes sont toujours à éviter. Un dressage de qualité et une relation de confiance avec le propriétaire suffisent largement pour obtenir des animaux dociles et même très volontaires au travail.

Si l'animal présente des blessures à la suite de coups, il est impératif de soigner ces blessures et de les protéger des mouches car elles pourraient provoquer des myiases.

Photo 6.5.
Attelage de plusieurs paires d'ânes de trait en mauvais état, Botswana (photo G. Le Thiec).
On remarque l'utilisation originale de plusieurs paires d'ânes simultanément, pour effectuer des travaux lourds, mais aussi l'état corporel déficient des animaux.

• Les dromadaires

Le dromadaire est sensible à un certain nombre de grandes maladies infectieuses touchant le bétail conventionnel, et contre lesquelles il convient de le protéger (lorsque la prophylaxie existe), comme tout animal de trait de valeur.

Principales maladies : peste bovine, fièvre aphteuse, charbon bactéridien, pasteurellose, tuberculose, brucellose, endoparasitoses et ectoparasitoses.

La pathologie du dromadaire, animal de trait, est dominée par les endoparasitoses, dont les infestations sont particulièrement importantes en saison des pluies. Elles provoquent une cachexie et un affaiblissement de l'animal :

– la trypanosomose,
– les helminthoses digestives. Le polyparasitisme est très répandu. L'haemonchose représente l'une des principales causes de morbidité et

de mortalité chez le dromadaire. Des anthelminthiques ont été testés chez le dromadaire et la plupart d'entre eux donnent de bons résultats sur un large spectre d'activité, comme l'Albendazole ou l'Ivermectine ;
– l'échinococcose et la ladrerie du dromadaire ;
– les myiases des cavités nasales. L'infestation maximale se situe en saison sèche, avec 70 à 75 % des dromadaires infectés. Elles entraînent une gêne respiratoire, notamment à l'effort, et parfois des troubles nerveux.

La gale sarcoptique est très contagieuse, surtout en saison chaude et humide. Les teignes et les tiques ont une action anémiante et rendent le harnachement difficile.

La variole du dromadaire, ou Camelpox virus, entraîne l'apparition de croûtes sur la face, voire sur tout le reste du corps, empêche le harnachement et épuise l'animal.

Les boiteries sont d'origine traumatique, inflammatoire ou infectieuse.

La nécrose de la plante du pied est associée à une carence en Na. La maladie du kraft, décrite en Tunisie, semble due à un déséquilibre phospho-calcique de la ration alimentaire. Elle se traduit par des arthrites et des exostoses périarticulaires conduisant à une difficulté de la démarche.

Dans tous les cas, une complémentation de la ration constitue un facteur de protection qui favorise l'intégrité du pied.

7. Les harnachements

Le harnachement est constitué d'un ensemble d'éléments : harnais, dispositifs de conduite (guides, brides), systèmes d'attelage à un ou plusieurs animaux (en flèche, de front). Pour les charrettes, des éléments additionnels permettent d'assurer des fonctions secondaires telles que l'équilibre de l'engin tracté (dossière, sous-ventrière), le freinage, le recul (avaloir).

Le harnais, élément principal du harnachement, permet de valoriser le potentiel énergétique d'un animal pour développer un effort. Les harnais se distinguent par les points d'appui sur l'animal, en avant du poitrail (bricole ou sangle de poitrail), en avant du garrot (joug de garrot), sur la nuque ou en arrière des cornes (joug de tête), et en avant des épaules (collier) (figure 7.1).

Les types de harnachements utilisés varient selon les animaux de trait (tableau 7.1).

Tableau 7.1. Les principaux types de harnachements.

	Asins	Bovins	Équins
Bricole	Oui	Non	Oui mais à éviter
Joug de garrot	Non	Zébus	Non
Joug de tête	Non	Taurins	Non
Collier	Oui mais rare en Afrique	Monobovins	Oui mais rare en Afrique

La bricole

La bricole, harnais simple et léger, prend appui sur le poitrail (photo 7.1). Fréquemment utilisée avec les ânes et les chevaux, elle convient bien à ces animaux au poitrail large, et son prix est réduit.

Le joug

Le harnachement au joug, généralement employé avec les bovins, s'applique sur des points d'appui situés plus haut sur l'animal que les

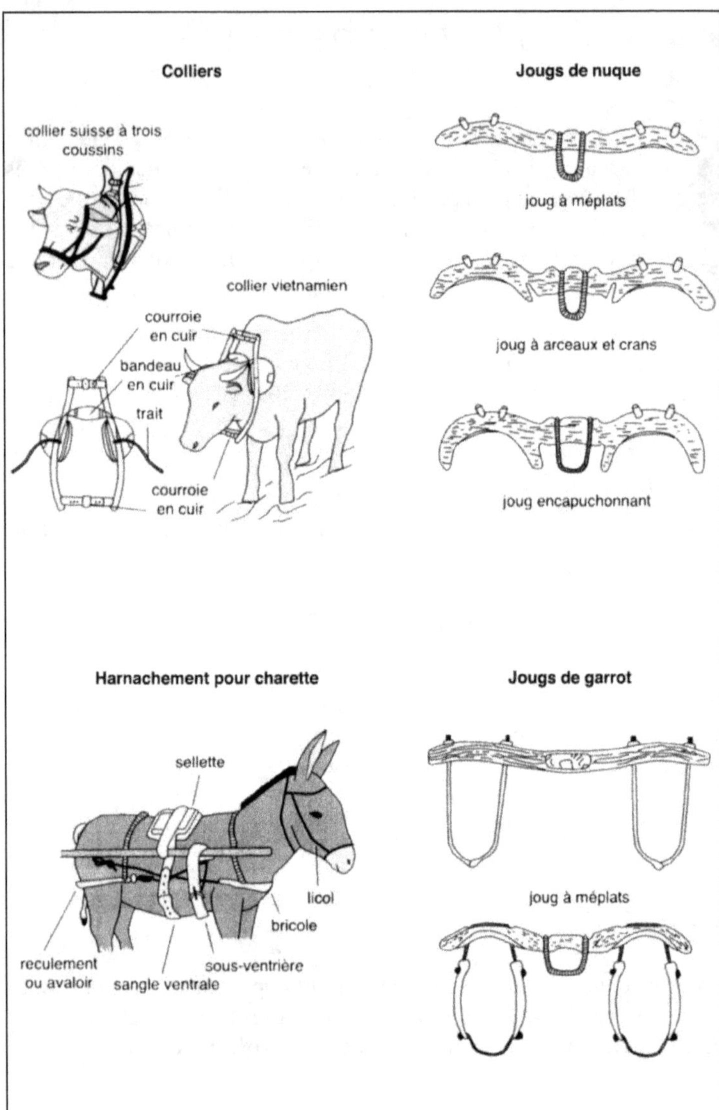

Figure 7.1.
Schémas des différents types de harnachements
(source : Le Thiec, 1996).

Photo 7.1.
Bricole utilisée pour l'attelage des chevaux (et ânes), Sénégal (photo M. Havard).

colliers et bricoles. Selon le nombre de bêtes attelées, les jougs sont simples pour un animal seul (jouguet), doubles pour une paire, triples pour le dressage d'un jeune entre deux anciens.

Les jougs de tête frontaux sont assez rares. Connus en Espagne, ils étaient diffusés en Suisse et en Allemagne. Les jougs de nuque, appelés aussi jougs de cornes, étaient répandus en Europe à l'avènement de la motorisation. Réservés aux animaux sans bosse *(Bos taurus)* à forte encolure et au cornage solide, les jougs de nuque se distinguent par leur forme, plus ou moins élaborée (photo 7.2). La pose d'un coussin de protection entre le joug et la nuque de l'animal est indispensable. S'ils sont grossièrement mis en forme, mal ajustés à la nuque, ils provoquent des blessures, l'usure et la chute des cornes, entraînant une diminution importante de la puissance de l'attelage. Par rapport aux jougs traditionnels des paysans, des gains d'énergie de 15 % à 25 % ont été obtenus avec des jougs améliorés en Afrique subsaharienne.

Les jougs de garrot (photo 7.3), majoritaires en Afrique, prennent appui sur le garrot, en avant du sommet de l'épaule. Par nature, ils sont adaptés aux animaux à bosse *(Bos indicus)* comme les zébus mais peuvent être utilisés avec des taurins comme le N'dama.

Photo 7.2.
Paire de bovins avec jougs de nuque, Mexique (photo P. Lhoste).

Photo 7.3.
Paire de zébus avec jougs de garrot, Tchad (photo G. Le Thiec).

Quel que soit le joug, l'abaissement du point d'attache qui réduit la pente de la ligne de traction (un angle de 15° représente le meilleur compromis) doit être recherché en abaissant les points d'appui vers la pointe des épaules.

Avec les jougs et les harnachements couramment employés, l'association de deux ou plusieurs animaux dans un attelage se traduit par une moindre efficacité de chacun d'eux. Si la puissance disponible est de 1 pour un animal, elle est de 1,85 pour deux animaux, de 3,10 pour quatre animaux...

Le collier

Le collier est le meilleur harnais, particulièrement bien adapté aux équidés. Il est constitué d'une armature pour son adaptation sur l'animal, d'un rembourrage pour le confort et la protection et d'un dispositif d'attelage pour l'outil. Prenant appui en plusieurs points de l'encolure, il s'adapte bien à la conformation de l'animal, et permet une meilleure répartition des efforts. Dans les pays tropicaux, les colliers n'ont pas connu le succès qu'ils méritent, bien qu'ils puissent être réalisés aisément par les artisans locaux avec des matériaux disponibles sur place. En Afrique subsaharienne, on lui préfère la bricole pour les équidés, car encore plus simple à fabriquer.

Les photos 7.4 et 7.5 illustrent, chez les ânes, les différences entre un collier artisanal réalisé pour environ 5 € (3 000 FCFA) par les artisans au Burkina Faso (photo 7.4) et un harnachement traditionnel, encore moins cher réalisé le plus souvent avec de vieux pneus de vélo ou de mobylette (photo 7.5).

Photo 7.4.
Collier artisanal pour âne, Burkina Faso (photo Ceemat).

Photo 7.5.
Harnachement traditionnel pour âne, Burkina Faso (photo P. Lhoste).

8. Les équipements en traction animale

Ce chapitre traite principalement des opérations culturales (du travail du sol à la récolte) réalisées par des animaux de trait, mais aussi des opérations de post-récolte et d'exhaure de l'eau utilisant l'énergie animale, ainsi que des transports.

Les équipements de la culture attelée

Les caractéristiques des parcelles cultivées et les itinéraires techniques pratiqués sont déterminants dans le choix et les possibilités d'utilisation des équipements de culture attelée.

Ces derniers ne peuvent pas être utilisés sur des parcelles cultivées non dessouchées (surtout en zone forestière et sur défriche), ayant une végétation trop importante, comportant trop de pierres qui gênent particulièrement l'emploi des semoirs, ou encore sur des parcelles ayant une pente trop forte.

Aussi, avant d'envisager le recours à la culture attelée, les parcelles doivent être dessouchées et nettoyées de l'excès de végétation, des pierres gênantes, etc. Ce nettoyage, quand la végétation en place n'est pas ligneuse, peut-être réalisé avec des équipements motorisés (broyeurs, faucheuses, épierreur). Cependant, en Afrique subsaharienne, cette opération est le plus souvent manuelle, et les résidus de culture en place sont brûlés ou enlevés. Des râteaux à traction animale ont été testés, mais n'ont pas été diffusés.

Quand l'état des parcelles cultivées permet l'emploi des équipements de culture attelée, les choix des itinéraires techniques (succession des opérations culturales) déterminent les opérations qui pourront ou non être mécanisées et les équipements utilisables. Ainsi, le type de travail du sol, et le choix du mode de semis ou de plantation ont une incidence directe sur la possibilité d'utiliser ou non les semoirs, les équipements de plantation et de sarclobinage.

⫸ Le travail du sol

Deux situations culturales spécifiques, en pluvial (sol sec ou humide) et en irrigué (sol inondé particulièrement), sont traitées séparément. Elles se distinguent par des conditions de travail du sol particulières qui requièrent des équipements agricoles distincts.

En pluvial

En pluvial, le travail du sol, généralement réalisé sur un sol sec ou humide, a pour objectifs :

– d'ameublir le sol pour permettre une bonne circulation de l'eau et de l'air en profondeur en favorisant le développement des racines, facilitant l'infiltration des pluies et assurant des conditions de germination et levée satisfaisantes ;
– de lutter contre les mauvaises herbes en les coupant, en les arrachant ou en les enfouissant ;
– d'enfouir et mélanger à la terre des amendements et des apports de fertilisants.

Le choix d'une technique de travail du sol dépend du type de sol, de l'état d'humidité du terrain et du mode de culture pratiqué. En culture à plat, les outils à dents conviennent pour les sols sableux, même en sec, tandis que le labour à la charrue est pratiquement indispensable en sols argilo-limoneux humides. En culture en planche ou sur billon, l'utilisation de la charrue ou du butteur est indispensable pour façonner le sol.

Dans les façons culturales, avant semis, on distingue :

– le travail à la dent en sol sec (décompactage), qui peut précéder les opérations de travail du sol superficiel et de labour en sol humide ;
– le travail superficiel du sol, en sec ou en humide, en un ou plusieurs passages d'outils roulants ou à dents ;
– le labour en sol humide, suivi ou non d'une ou de plusieurs reprises.

Le décompactage en sec consiste à faire pénétrer, durant les périodes sèches, une dent en forme de pointe rigide (coutrier) pour briser la couche superficielle du sol et atteindre une profondeur moyenne de 7 à 10 cm. Les efforts engendrés par la réalisation du travail exigent la puissance d'une paire de bœufs pour tirer une dent. Le profil réalisé est motteux avec un passage tous les 50 cm (10 à 12 h/ha) à une profondeur allant de 8 cm en sols battants à 20 cm en sols sableux. Cependant,

l'utilisation du coutrier ne convient pas sur les sols sablonneux ne se compactant pas en surface ; l'effet d'éclatement nécessaire pour briser efficacement la couche superficielle du sol ne se produisant pas.

Cette technique est intéressante pour les zones semi-arides dont les sols prennent en masse en saison sèche ; elle facilite l'infiltration des premières pluies et permet un étalement des travaux de préparation des sols et un semis précoce (figure 8.1 et photo 8.1).

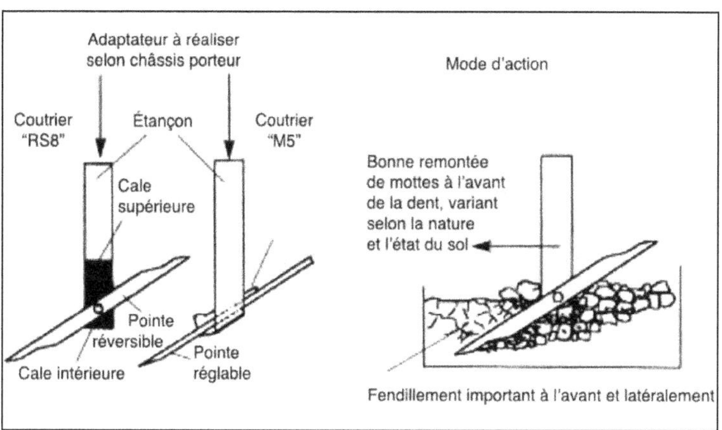

Figure 8.1.
Modèles de coutrier et modes d'action (d'après Le Thiec, 1996).

Au Burkina Faso, le « *zaï* mécanisé » permet, grâce à ce travail à la dent, de remplacer un travail très lourd de *zaï* manuel. Le passage de la dent doit se faire en courbe de niveau, si la parcelle présente une pente ; le passage en courbe de niveau peut alors être recroisé perpendiculairement et le semis, avec ou sans apport de matière organique et/ou d'engrais, se fait alors à la croisée des deux lignes.

Les préparations par travail superficiel sans retournement s'effectuent rapidement, facilitant ainsi les semis précoces. Les outils utilisés ameublissent le sol jusqu'à 8-10 cm de profondeur par éclatement du sol en mottes de petites dimensions, sans excès de terre fine. Ils n'enfouissent pas la matière organique, mais provoquent la destruction des adventices. Ils sont utilisés avant les semis, soit en préparation directe du sol ou en reprise de labour, ou après semis quand il s'agit des sarclobinages.

Photo 8.1.
Décompactage du sol en sec, Cameroun (photo É. Vall).

Les équipements en service sont de trois types : à pointe (araire), à dents (cultivateurs et herses) et roulant (pulvériseur à disques).

L'araire, dont les origines remontent à l'Antiquité, est toujours présent en Afrique du Nord, en Éthiopie, en Amérique centrale (photo 8.2) et dans certaines régions d'Asie. Autrefois entièrement en bois, certaines pièces travaillantes sont aujourd'hui en métal.

Les outils à dents sont représentés par les herses et le cultivateur, mais aussi leurs dérivés (scarificateurs, extirpateurs, houes...). La herse, bâti en bois ou en acier recevant des dents rigides en acier, est un outil de reprise de labour peu apprécié des paysans. Elle permet un émiettement des mottes, un nivellement de la terre ameublie en surface et un léger tassement sous la couche travaillée. Une herse légère (25 à 30 kg) compte 20 dents pour 1 m de largeur de travail. Les temps de travaux varient entre 8 à 15 h/ha entre 3 à 7 cm de profondeur. Sur le cultivateur, les socs sont étroits alors qu'ils sont larges sur les houes mais, dans la pratique, ces deux équipements sont souvent confondus. Suivant les espèces et le nombre d'animaux attelés, c'est la largeur, déterminée par le type et le nombre de dents, et la profondeur de travail qui varient. Les éléments de cultivateurs sont

Photo 8.2.
Araire utilisé au Mexique (photo P. Lhoste).

fréquemment montés sur des multiculteurs (outils polyvalents) utilisés pour plusieurs opérations : travail du sol, sarclage, buttage (figure 8.2).

Les équipements roulants (cas du pulvériseur à disques) sont rarement employés en traction animale.

Les préparations par retournement du sol (labour, billonnage) consistent à retourner les couches superficielles du sol, entre 10 et 25 cm de profondeur sur 20 à 30 cm de largeur, en enfouissant les résidus végétaux et en détruisant les adventices. Le retournement donne une surface chaotique et motteuse, qui doit être affinée à l'aide d'un autre outil, la herse ou le cultivateur, pour obtenir un bon lit de semence.

Le labour est généralement effectué par la charrue simple à soc et le billonnage par un billonneur ou butteur à soc (figure 8.2). Les modèles de charrues en service dépendent des espèces et du nombre d'animaux attelés. Un âne de 140 kg tire une charrue de 25 à 30 kg équipée de socs de 6 à 7 pouces et une paire de bœufs de 600 à 800 kg, une charrue de plus de 35 kg équipée de socs de 10 à 12 pouces. Les temps de travail sont compris entre 20 et 40 h/ha.

Le billonnage est réalisé, soit sur des sols labourés, soit sur des sols non préparés. Ce travail consiste à accoler deux à deux les bandes

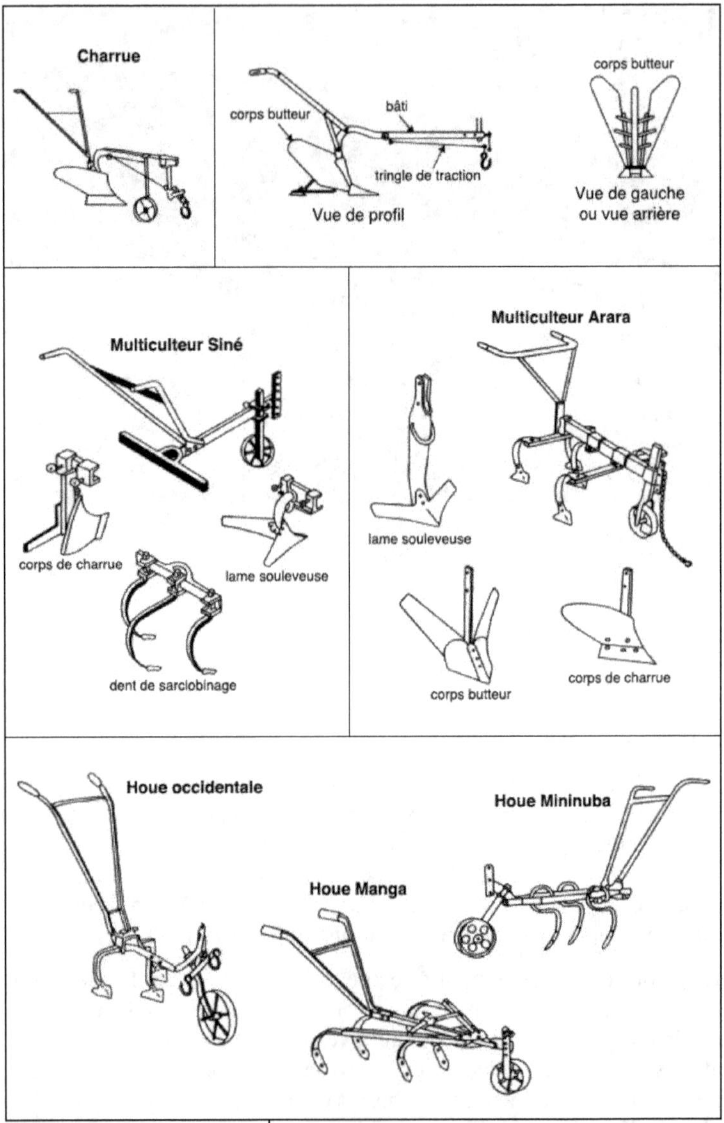

Figure 8.2.
Schémas de matériels agricoles
utilisés pour le travail du sol
en Afrique subsaharienne
(d'après Le Thiec, 1996).

retournées pour former un ados ou billon et une dérayure. Les billons sont distants de 60 à 90 cm en moyenne. La partie centrale du billon n'est pas ameublie, ce qui peut présenter une gêne ultérieure au développement des racines. Le billonnage est réalisé avec une charrue simple ou un butteur. Les temps de travaux varient de 10 à 15 h/ha.

En irrigué (rizière principalement)

Le point commun des zones irriguées est la prédominance du riz.

Dans les périmètres aménagés, avant la préparation du sol, il faut réfectionner les diguettes et reprendre le planage. Ces opérations, demandant de déplacer des volumes de terre importants, s'effectuent généralement avec des équipements motorisés et manuellement, mais plus rarement avec des pelles à terre et des lames niveleuses pour la traction animale.

La préparation du sol en rizière dépend du degré de maîtrise de l'eau (sans, submersion contrôlée et maîtrise totale) et du mode d'implantation choisi (semis en sec, semis ou repiquage dans l'eau). Dans le cas du semis en sec, les techniques de préparation du sol décrites au paragraphe précédent sont applicables.

En semis dans l'eau ou sur boue avec maîtrise de l'eau et en repiquage, la préparation du sol comprend généralement un labour, suivi d'une reprise avec plusieurs passages de herse ou d'autres outils en sol inondé pour obtenir une boue fluide et un planage satisfaisant, garantissant une lutte efficace contre les adventices.

La majorité des sols étant argileux, le labour à la charrue à soc est réalisé en conditions humides mais sur sol ressuyé. Le labour en conditions submergées peut être effectué par des charrues légères de type asiatique, dites tourne-oreille, à soc triangulaire et versoir à lames orientables. La largeur de travail est comprise entre 10 et 20 cm (figure 8.3).

L'affinage du sol peut être réalisé en sec à la herse, mais l'effort de traction est plus élevé en conditions rizicoles du fait des sols plus argileux : 12 à 15 h/ha.

La mise en boue, ou *puddlage*, en sol inondé nécessite des matériels spécifiques (photo 8.3). Des herses à peignes et roulantes (figure 8.3) sont employées en Asie, mais plus rarement en Afrique. Les herses roulantes sont efficaces en terre lourde ou collante, grâce aux éléments travaillant en rotation : 8 à 10 h/ha.

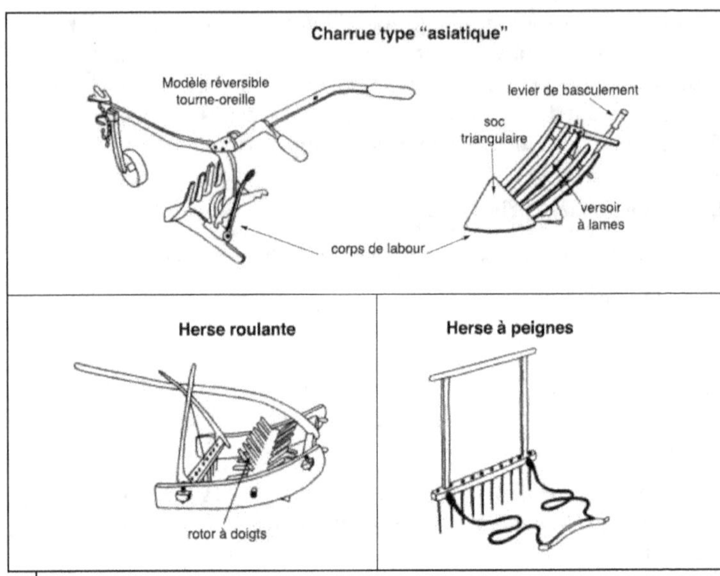

Figure 8.3.
Schémas de matériels de travail du sol spécifiques pour les sols inondés (d'après Le Thiec, 1996).

Photo 8.3.
Mise en boue d'une rizière avec une paire de buffles, Indonésie (photo G. Herblot).

Une pratique originale de mise en boue (le « piétinage ») est utilisée à Madagascar ; elle consiste à faire tourner un troupeau plus ou moins important de zébus dans la rizière, après sa mise en eau. Les animaux ne sont pas attelés et le travail du sol de la rizière est effectué par leurs pieds.

▶ Les semis, les plantations, les épandages

Qu'il s'agisse de semer, d'épandre des produits ou d'implanter une culture, les choix techniques sont dépendants de la qualité et des types de techniques de travail du sol mises en œuvre.

Le semis ou les plantations sont généralement réalisés dans la même période que la préparation du sol (ou peu après), et ne constituent pas en eux-mêmes une opération culturale à caractère pénible. Mais la mécanisation permet d'atteindre une bonne régularité de répartition des semences, plus difficile à obtenir manuellement.

Les engrais minéraux sont le plus souvent appliqués en faible quantité et souvent localisés manuellement sur la ligne ou à proximité immédiate de la plante ; dans ce cas, l'épandage est souvent associé à une autre opération culturale (semis, sarclage, buttage). Quand les doses sont plus importantes, l'épandage a plutôt lieu avant la préparation du sol, comme pour les apports de matière organique.

Les semis

Le semis a pour objectif l'implantation d'une culture dans des conditions qui permettent une valorisation optimale des ressources du milieu (lumière, eau, éléments minéraux). Un peuplement homogène du point de vue de sa répartition spatiale et dont la densité dépend de l'espèce considérée, des conditions de milieu (densités plus élevées en milieu favorable) et de la variété, est recherché.

La qualité des semences (le pouvoir germinatif), l'époque de semis ou de plantation et la densité sont des facteurs essentiels du rendement des cultures. La qualité du semis est surtout conditionnée par l'état de préparation superficielle du sol ou lit de semences, tant pour le passage des machines que pour le développement ultérieur des jeunes plantes. La qualité de l'exécution du semis mécanique est aussi tributaire de la précision des réglages du semoir :

– adaptation du distributeur à la taille des semences,

– profondeur appropriée et recouvrement du semis,

– espacement des graines et régularité de distribution,
– alignement avec un écartement régulier entre les rangs pour la facilité d'entretien des cultures.

La quantité de graines semées est contrôlée avec plus ou moins de précision, en fonction des caractéristiques des graines et des semoirs utilisés. Le peuplement réellement obtenu dépend de la densité de semis, du taux de germination des semences, et des conditions de germination-levée donc des caractères du lit de semences et de la qualité du semis. Pour que les plantes exploitent au mieux le milieu, les graines doivent être réparties de manière régulière dans l'espace. La disposition en quinconce est théoriquement la meilleure de ce point de vue. Mais pour pouvoir mécaniser les opérations culturales, c'est-à-dire permettre le passage des animaux et des machines, les semis doivent être réalisés en lignes dont les écartements sont suffisants (minimum 0,50 m) et relativement constants. La profondeur du semis doit être homogène et permettre une germination rapide (bon contact terre-graine, humidité suffisante...).

En agriculture traditionnelle, les associations culturales sont fréquentes, chaque champ comportant plusieurs cultures à des stades de végétation différents. Les semis et les plantations sont en général faits manuellement au moment de la préparation du sol ou de l'entretien des autres cultures, mais ce mode de culture n'est compatible avec la traction animale que si les cultures sont semées en lignes.

Peu de machines sont adaptées pour réaliser les semis sur billons, technique culturale répandue dans de nombreux pays. Par contre, en culture à plat plusieurs méthodes de semis sont pratiquées, dont certaines emploient la traction animale.

Les techniques de semis

• Le semis à la volée

Les graines sont épandues en surface de la façon la plus régulière possible. Puis elles sont enfouies et recouvertes après un passage de herse légère. Il faut une grande quantité de graines pour obtenir un peuplement suffisant, et la levée est relativement irrégulière. Ainsi sont semées certaines céréales et différentes plantes fourragères, le plus couramment à la main, bien qu'il existe des machines à traction animale, mais non employées pour des raisons économiques.

• Le semis en poquet

Les graines sont semées par groupes de 3 à 7, et enterrées au fur et à mesure ; les poquets peuvent être disposés en ligne ou en quinconce. Cette technique permet d'obtenir le peuplement recherché même en cas de levée irrégulière, mais impose un démariage précoce en cas de bonne levée.

• Le semis en ligne régulière

Le semis en ligne régulière, fréquent en culture manuelle, permet de réaliser un travail d'entretien précoce des interlignes, dès l'apparition des jeunes plants, mais nécessite une opération préalable de traçage. Avec l'emploi d'un cordeau (déplacé à chaque fois de la largeur d'un interligne), les lignes sont parallèles, facilitant les travaux ultérieurs d'entretien et de récolte.

Le rayonneur traîné manuellement ou avec des animaux de trait est destiné à matérialiser sur le terrain les lignes de semis et à creuser un sillon où les graines seront déposées à la main. En rayonnage croisé, les graines sont mises en poquets à intervalles réguliers (semis du mil au Sénégal par exemple : 0,9 m x 0,9 m).

La roue marqueuse traînée manuellement ou avec des animaux de trait sert, comme le rayonneur, à matérialiser les lignes de semis. Les graines sont déposées à la main dans les trous, puis recouvertes par passage d'une herse légère.

• Le semis de précision

Le semoir dit de précision assure une distribution à écartements réguliers entre les graines ou les poquets sur la ligne. En Afrique subsaharienne, ce sont principalement des semoirs monorangs qui sont utilisés. Le plus connu est le semoir Super-Éco (photo 8.4), utilisé principalement pour le semis en poquet des céréales (maïs, mil, sorgho) et le semis monograine des légumineuses (arachide, niébé, soja, etc.).

La distribution est assurée par un disque horizontal ou incliné, perforé ou crénelé, interchangeable selon les graines à semer, entraîné par les roues-support avec un système de transmission simple et robuste.

Un autre semoir monorang de fabrication artisanale de même forme que le Super-Éco est utilisé en zone cotonnière du Mali et du Burkina Faso. La trémie a la forme d'un cylindre perforé de 4 trous. Elle est entraînée par les deux roues.

Photo 8.4.
Semis au semoir Super-Éco
en traction asine, Sénégal
(photo M. Havard).

Sur ces semoirs, un traceur (réglable) facilite le guidage pour maintenir un interligne relativement constant nécessaire pour les passages ultérieurs des outils d'entretien.

Ce type de semoir, léger, simple et robuste, d'un prix réduit et d'un emploi facile, permet d'assurer un semis en ligne, régulier et à la bonne densité, sous réserve d'être utilisé dans de bonnes conditions :

– terrain ameubli, sec ou bien ressuyé en surface, préalablement nivelé et propre (sans adventices ni résidus végétaux) ;
– matériel en bon état et bien réglé, équipé d'un disque ou d'un tambour distributeur approprié (adapté à la grosseur de la graine, et à la densité de semis recherchée) ;
– graines triées ou calibrées et propres ;
– vitesse d'avancement régulière et relativement lente (de 3 à 4 km/h).

Avec une paire de bœufs, deux semoirs monorangs peuvent être accouplés au moyen d'un palonnier, donnant un semis en lignes jumelées. En traction bovine lourde, le châssis polyculteur est équipé de trois éléments de semoir.

• Le semis sous raie

Pour accélérer l'implantation des cultures, le semis peut être réalisé en même temps que la préparation du sol, superficielle (passage de cultivateur) ou plus profonde (labour à la charrue à soc). Un élément de semoir est adapté sur le bâti du matériel ou inversement pour réaliser un semis sous raie. Cette technique est peu développée.

• Le semis en ligne en continu

Le semis en ligne en continu peut être réalisé par un semoir à traction animale (de 3 à 9 rangs) qui distribue les graines de façon relativement régulière, et les enterre à une profondeur réglable dans un sillon ouvert par un soc, refermé immédiatement après le dépôt de la semence. Ces semoirs ont surtout été expérimentés dans les rizières en Afrique subsaharienne, mais ils n'ont pas été diffusés, car les paysans pratiquent surtout le repiquage et le semis à la volée du riz.

Sur ce type de semoir, on peut régler :
– l'écartement entre lignes pour faciliter les passages ultérieurs de matériels d'entretien des cultures ;
– le débit avec adaptation aux différentes tailles de graines (céréales et plantes fourragères à grosses graines), ce qui permet de maîtriser la densité de semis ;
– l'enterrage assurant une économie de semence (de 20 à 30 % par rapport au semis à la volée), et surtout une levée régulière.

De nombreuses adaptations ont été mises au point pour ces matériels :
– système de distribution à cannelures pour un semis en continu, ou à ergots pour les graines plus fragiles ;
– soc d'enterrage à profil droit pour les terrains secs, ou en demi-lune auto-débourrant pour les sols plus humides ;
– système de recouvrement léger, à chaînette ou élément de herse souple, ou encore avec un dispositif de plombage ;
– élément de traçage pour le passage suivant, ou travail roue dans roue, après avoir effectué un demi-tour en bout de champ.

Toutefois, ces semoirs d'emploi relativement facile avec la traction animale sont peu utilisés en Afrique à cause :

– du prix d'acquisition élevé pour les petits exploitants agricoles ;
– de la médiocrité de préparation du sol et du lit de semences (trop motteux ou irrégulier, encombré de nombreux obstacles), ce qui rend difficile l'utilisation de ce type de semoir et compromet la qualité du semis ;

– de la fragilité relative de certains organes ou dispositifs de réglage ;
– de la mauvaise qualité des semences (impuretés).

• Le semis direct

En fait le terme semis direct peut recouper plusieurs situations. S'il est défini normalement par un semis en absence de travail du sol (avec ou sans couverture végétale), il correspond quelquefois à un travail sur la ligne avant le semis (voir chapitre 10 pour le semis direct sous couverture végétale)

Les plantations

Les plantations de tubercules sont réalisées le plus souvent sur butte. Bien qu'il existe quelques matériels adaptés à la traction animale pour la plantation sur billon, leur utilisation est très rare en Afrique.

Pour les jeunes plants (tabac) ou les boutures (manioc) en terrain sec, on emploie parfois une repiqueuse en ligne. La machine est alimentée par un homme qui dispose les plants à la périphérie d'un disque vertical entraîné en rotation, ou d'une roue équipée de pinces à ouverture automatique. Les plants sont libérés dans un sillon ouvert par un soc, puis resserrés au niveau des racines par un dispositif adapté.

Le repiquage du riz dans la boue est fait à la main par les paysans. Quelques machines à traction animale ont été construites et certaines sont utilisées seulement en Chine.

Les épandages

La fertilité naturelle du sol n'est pas suffisante pour procurer à la plante tous les éléments minéraux dont elle a besoin pour son développement en culture continue.

En agriculture traditionnelle, avec association de cultures, les besoins des cultures en éléments minéraux sont relativement limités et étalés dans le temps. Après plusieurs années de mises en culture, la jachère est souvent le moyen qu'utilise l'agriculteur africain pour rétablir la fertilité d'un sol exploité.

En monoculture et en culture permanente, les réserves du sol en éléments minéraux ne suffisent pas à assurer durablement des hauts rendements.

La fumure se présente sous différentes formes :
– engrais minéraux solides (poudre, cristaux, granulés), ou plus rarement liquides ;

– engrais organiques sous forme de boue, de fumier plus ou moins pailleux, ou de terreau pulvérulent (poudrette) ;
– amendement solide formé souvent d'un mélange de granulats de différentes tailles.

Les engrais minéraux

Les engrais minéraux sont toujours épandus en faible quantité, en nappe sur toute la surface du champ, ou en localisé sur la ligne à différents stades de développement de la plante, ou encore à proximité des plantes regroupées en poquets.

Compte tenu de la nature et de la diversité des engrais minéraux, ainsi que des quantités à épandre, les matériels d'épandage utilisés seront différents. Leur utilisation est très rare en Afrique subsaharienne.

Pour les épandages en nappe, plusieurs types de systèmes de distribution (distributeur à orifice, à fond mobile, à ergots ou centrifuge) existent, mais très peu sont employés en traction animale. En général, les épandages sont manuels et réalisés comme un semis à la volée sur les cultures en début de végétation. Pour la culture cotonnière, un épandeur d'engrais pulvérulent (phosphate tricalcique) a été mis au point par la CMDT (Compagnie malienne des textiles) au Sud du Mali. La largeur d'épandage est de 1,60 m, et l'hectare est couvert en 2 heures. Son prix et ses performances le réservent à des exploitations importantes et à des associations villageoises comme équipement collectif.

Pour les épandages d'engrais solide en localisé sur la ligne, il existe une très grande diversité de matériels, associés le plus souvent au semoir ou à un équipement de sarclobinage, avec enfouissement superficiel à proximité de la plante.

L'application d'engrais liquide est réalisée avec d'autres types de matériels utilisés pour les traitements insecticides, herbicides et fongicides (pulvérisateurs à dos ou tractés).

Les engrais organiques et les amendements

En terre ameublie, bien aérée et humectée, la décomposition de la matière organique est rapide. Les éléments essentiels liés à l'humus sont libérés en totalité (azote) ou en partie (phosphore) pour être mis à disposition des plantes ou lessivés. L'apport de matière organique peut se faire sous différentes formes : engrais vert, fumier, poudrette, compost.

L'engrais vert, ensemencé comme une culture, est enfoui directement à un stade végétatif avancé par un labour à la charrue à soc, en général, en fin de saison des pluies quand le sol est encore humide. Cet engrais vert améliore la porosité et la stabilité structurale du sol, et la décomposition se fait sur plusieurs années.

Le fumier, transporté au champ par charrette, est épandu en surface pour être mélangé au sol, ou enfoui surtout quand il est pailleux. Des apports importants et réguliers contribuent à maintenir le taux de matière organique du sol tout en apportant des éléments fertilisants aux plantes cultivées.

La poudrette, tirée des enclos de nuit des animaux, composée de terre fine mélangée à des excréments desséchés et pulvérisés, évolue plus rapidement que le fumier vers des formes minérales. Le transport au champ se fait en saison sèche à l'aide de charrettes à ridelles à traction animale. La poudrette est enfouie au labour.

Le compost, composé de résidus organiques d'origines diverses, est mélangé en partie avec du fumier. Moins riche que le fumier de ferme, sa préparation demande beaucoup de travail (malaxage, aération, mélange), mais est économiquement un bon palliatif.

Aucun matériel d'éparpillage ou d'épandage n'est utilisé avec la traction animale, sauf pour les engrais organiques et les amendements, et aussi pour le transport au champ par charrettes ou tombereaux.

▌ L'entretien des cultures

Quand les cultures sont en place, il est important de les maintenir dans des conditions favorables, en limitant au maximum la compétition avec les adventices. La traction animale, en autorisant des interventions rapides, peut accroître nettement l'efficacité de ces opérations et diminuer leur pénibilité. Elle peut aussi faciliter et accélérer les opérations de récolte et permettre ainsi de diminuer les pertes.

Le développement des plantes cultivées est largement conditionné par celui des adventices qui envahissent rapidement le terrain dès la mise en culture, et crée une forte concurrence au niveau des éléments nutritifs du sol, de l'eau et de la lumière. Cet envahissement est d'autant plus précoce et rapide que les préparations du sol sont imparfaites, les semis de mauvaise qualité avec des manques ou des retards à la levée, et les désherbages retardés.

Le développement des plantes est aussi conditionné par la prolifération de parasites (insectes), et autres maladies spécifiques aux cultures qui interviennent à différents stades du développement des cultures.

Pour retarder la levée des mauvaises herbes, réduire leur dissémination, et limiter les risques de parasitisme, les paysans doivent intervenir le plus tôt possible, à des stades où les moyens de lutte sont les plus efficaces.

Les méthodes employées pour contrôler les adventices sont diverses :
– à la préparation du sol, les opérations culturales visent à réduire le développement des adventices par déracinement et à le retarder par enfouissement profond ;
– au semis, le choix de la densité et des écartements permet d'obtenir un peuplement cultivé compétitif vis-à-vis des adventices ;
– au stade de la jeune plante, on peut intervenir pour favoriser le développement racinaire de la plante tout en détruisant les adventices ;
– à tous les stades de sensibilité particulière aux parasites et aux maladies, il existe des traitements préventifs ou qui permettent de stopper le développement des maladies.

La lutte contre l'enherbement

L'enherbement des champs cultivés est un véritable fléau pour l'agriculteur africain qui consacre une grande partie de son temps au désherbage des cultures. Ceci constitue un goulet d'étranglement dans le calendrier de travail de l'agriculteur, d'où l'importance de la mécanisation de ces interventions.

L'envahissement par les mauvaises herbes est parfois incontrôlable. Ceci peut contraindre l'exploitant à ne plus entretenir la culture, voire à abandonner sa parcelle après quelques années.

Le désherbage des cultures semées en ligne avec emploi de la traction animale est actuellement un moyen économique et pratique à la portée de beaucoup d'exploitants agricoles pour lutter contre l'enherbement des cultures. L'efficacité de cette technique est accrue par un travail précoce (adventices à l'état de plantules), même si plusieurs passages successifs espacés dans le temps sont nécessaires. L'intervention manuelle est réduite, limitée le plus souvent à l'arrachage des grandes herbes sur la ligne de semis ou à proximité immédiate des plantes.

La lutte par emploi de produits herbicides sélectifs est relativement onéreuse, parfois difficile, voire impossible à elle seule pour un contrôle efficace des adventices. Mais comme on doit dire la même chose de la lutte mécanique, la solution réaliste semble être une combinaison raisonnée de mécanisation, d'utilisation d'herbicides et de désherbage manuel.

Les différents types d'intervention

Les interventions qui contribuent à la maîtrise des adventices sont multiples et réparties dans le temps.

• Le nettoyage préalable du sol

La préparation superficielle du sol avant semis avec des outils à pointe (araire) ou à dents (cultivateur) favorise la levée des adventices, et en même temps leur destruction à l'état de plantule par passages successifs des outils et espacés dans le temps. Cette préparation permet un enfouissement partiel des résidus végétaux.

La préparation par un labour en début de cycle, même à faible profondeur, constitue pour beaucoup d'exploitants, la meilleure façon de nettoyer le sol, et de retarder le développement des adventices et la prolifération des parasites, tout en créant un état d'ameublissement favorable à l'ensemencement des cultures. Cette opération est relativement lente et pénible. Elle est bien souvent retardée par l'irrégularité des premières pluies. L'agriculteur se trouve alors en situation contradictoire avec la volonté d'un semis précoce.

La technique de billonnage par adossement de deux sillons est plus rapide. Le billon matérialise la ligne de semis et facilite le passage des outils pour les désherbages mécaniques.

En semis direct en ligne, seule la bande ensemencée est travaillée.

À défaut d'un désherbage chimique des interlignes, retardant ou réduisant la pousse des adventices, le désherbage est l'opération la plus difficilement contrôlable par voie mécanique.

• Le désherbage précoce

Certaines cultures pluviales supportent mal la concurrence d'une végétation adventice, surtout en début de cycle végétatif.

Un désherbage précoce permet de réduire considérablement le développement des adventices qui, au stade jeune, sont faciles à éliminer du fait du faible enracinement. Cela favorise en même temps le développement des plantes cultivées qui s'étalent pour couvrir le sol.

Deux types de matériels sont utilisés en traction animale pour accomplir ce travail superficiel n'excédant pas un centimètre de profondeur :

– la herse, à dents souples et incurvées terminées par une pointe *(weeder)*, appuyant légèrement sur le sol, et vibrant au cours du déplacement ; cela provoque un ameublissement très superficiel du sol suffisant pour arracher les adventices au stade de la levée sans provoquer de dégâts sur les cultures ;
– la herse-étrille à dents souples constitue une variante du *weeder*.

En riziculture irriguée, cette technique est parfois appliquée avec le passage d'une planche à niveler ou d'un bâti de herse sous l'eau, peu de temps après la levée, suivi d'un désherbage-éclaircissage à la herse quelques semaines plus tard.

• Les opérations de sarclage et binage ou sarclobinage

Un simple désherbage par arrachage des adventices quand celles-ci sont bien développées, associé parfois à un léger grattage du sol au moyen d'un outil manuel, constitue bien souvent la seule opération d'entretien de cultures en agriculture traditionnelle.

Les façons d'entretien doivent être répétées, tant pour ameublir la partie superficielle du sol favorable au développement racinaire, que pour lutter contre les adventices jusqu'à ce que les plantes couvrent au maximum le sol. L'opération de binage en brisant la croûte superficielle du sol (de 3 à 5 cm) favorise l'infiltration des pluies et limite l'évaporation à la surface du sol. L'opération de sarclage consiste essentiellement à sectionner les adventices dans le sol à faible profondeur au moyen de pièces travaillantes tranchantes (photo 8.5).

En fait, les deux opérations sont souvent combinées, avec le passage d'un outil de sarclobinage assurant d'une part l'ameublissement du sol, d'autre part le déracinement des adventices qui sont déplacées, évitant le bouturage ou la reprise à partir des racines. Plusieurs passages sont nécessaires, réalisés seulement en début de végétation pour les cultures hautes (mil, maïs, sorgho).

En culture sèche, le semis en ligne à écartement régulier et suffisamment large pour le passage d'un animal (de 0,50 à 1 m), est indispensable à la mécanisation des opérations d'entretien des cultures. Le travail limité le plus souvent à celui d'un interligne correspond à une largeur de 0,30 à 0,80 m, compatible avec la force d'un animal en sol léger, ou de deux animaux (une paire de bœufs) en sol plus lourd.

Photo 8.5.
Sarclage à la houe occidentale avec un âne, Sénégal (photo P. Lhoste).

Les équipements : caractéristiques et utilisation

Les équipements utilisés avec la traction animale comportent un châssis sur lequel s'adaptent les pièces travaillantes, avec différentes positions de réglage. On distingue :

– les bâtis polyvalents de type multiculteur sur lesquels s'adaptent des dents de sarclobinage (de 3 à 7 dents) ou un corps butteur (photo 8.6) ;
– les houes proprement dites.

Les équipements d'entretien des cultures sont caractérisés par (figure 8.2) :
– le poids conditionnant le mode de traction : on distingue les houes "légères" (< 30 kg), à traction asine, et les houes plus lourdes à traction bovine ;
– le type de dents et de socs spécifiques du travail à réaliser et des conditions de sol :

    • en sol léger, on emploie des dents rigides droites, avec des socs larges à très faible entrure pour un sarclage superficiel ou au contraire étroits pour un binage plus profond ;
    • en sol argileux, on emploie des dents semi-rigides avec socs cœurs à forte entrure ;
    • en sols moyens (sablo-argileux, gravillonnaire), les dents souples sont constituées d'une lame cintrée formant ressort avec des socs

étroits pour le binage ou plus larges en forme de cœur et demi-cœur pour les sarclages ;

– la largeur de travail : houe étroite pour le travail d'un interligne, bâti cadre ou barre porte-outils pour le travail sur plusieurs interlignes.

Les travaux de sarclage et de binage doivent être réalisés au moment favorable, c'est-à-dire sur un sol ressuyé, avec des adventices faiblement développées.

Avec un animal, celui-ci marche dans l'interligne travaillé ; l'utilisateur guide l'équipement en agissant sur les mancherons.

Avec deux animaux marchant dans deux interlignes adjacents, l'équipement enjambe une ligne. Avec le joug court – en général le joug utilisé pour le labour – le réglage du déport au niveau du point de traction (régulateur latéral) permet le positionnement de l'équipement derrière l'un ou l'autre des animaux. La hauteur sous bâti limite assez rapidement la possibilité de travailler avec ce dispositif.

Avec l'emploi d'un joug large adapté au type d'écartement des cultures, les animaux cheminent dans les deux interlignes bordant celui qui est travaillé.

La profondeur de travail limitée à quelques centimètres (de 3 à 5 cm) est obtenue :

Photo 8.6.
Corps butteur utilisé pour le billonnage du maïs au Sénégal (photo M. Havard).

– par positionnement correct des pièces travaillantes sur le bâti (disposition en triangle, avec symétrie des dents latérales par rapport à l'axe du bâti) ;
– en agissant sur la roulette support ;
– en déplaçant le point de fixation de la chaîne de traction sur le bâti dans un plan vertical.

L'emploi de deux socs demi-cœurs symétriques (aile tournée vers l'extérieur coupée) facilite le guidage de la houe tout en préservant le faisceau racinaire de la plante cultivée.

Avec un châssis porte-outils du type polyculteur, les dents sont montées sur une barre transversale mobile, pour le travail sur 2 ou 3 interlignes. Mais la force de traction nécessite l'emploi d'animaux puissants.

En riziculture inondée, des sarcleuses rotatives sont parfois utilisées pour le nettoyage de plusieurs interlignes sous l'eau.

La défense des cultures

La défense des cultures commence avec la protection de la semence (traitement fongique des graines avant semis). Elle se poursuit par les traitements insecticide et fongique préventifs à tous les stades de développement de la plante, du semis à la période de maturité, pour garantir la meilleure protection contre le parasitisme.

Au Sénégal, un appareil spécifique (le stériculteur) pour le traitement des nématodes au semis sur arachide a été adapté sur le semoir Super-Éco et fabriqué par la SISMAR dans les années 1980. Sa fabrication a été stoppée dès 1985 par l'interdiction du produit nématicide utilisé.

Peu d'équipements à traction animale sont utilisés par les agriculteurs africains pour la défense des cultures, que ce soit par voie sèche (poudreuse) ou par voie liquide (pulvérisateur, appareil de traitement à bas volume).

La plupart des équipements sont portés directement par les hommes qui se déplacent dans les interlignes. Ils sont actionnés soit manuellement (pulvérisateur, poudreuse), soit par un petit moteur auxiliaire pour les traitements insecticides, fongicides ou herbicides, comme les atomiseurs, appareils *Ultra Low Volume* (ULV).

Les pulvérisateurs à traction animale présentent le plus souvent une cuve d'une capacité de 200 à 400 litres avec un mécanisme d'entraînement de la pompe sur la roue, ou un petit moteur auxiliaire

(moteur thermique) pour la mise en pression, et une rampe de traitement réglable en hauteur, équipée de buses pour le traitement des plantes sur plusieurs lignes (largeur de travail : de 4 à 8 m). Les animaux assurent seulement le déplacement de l'appareil, monté en général sur un essieu à deux roues à pneumatiques. Les animaux doivent être dotés de muselières pour éviter l'ingestion de végétation fraîchement traitée.

Ce type de matériel relativement coûteux, est de plus en plus abandonné au profit de la technique de traitement ULV, moins coûteuse à l'achat, beaucoup plus rapide même manuellement, et ne nécessitant pas de grandes quantités d'eau propre, difficile à trouver dans la plupart des villages africains.

Un point important auquel il convient d'être attentif est le problème sanitaire. En effet, du fait de sa position proche du système de pulvérisation, l'opérateur est exposé à des embruns de produits pesticides donc aux risques qui en découlent. Il est important de porter une combinaison et un masque pour se protéger.

La récolte

La mécanisation des travaux de récolte vise à réduire la pénibilité et la durée de la période de récolte, car des retards entraînent des pertes (égrenage, dégâts des prédateurs, pertes en terre...).

Mais, l'emploi des équipements à traction animale se limite le plus souvent au transport des produits par charrette, vers les greniers, les villages et les centres de collecte. Seul le soulevage des arachides est une opération courante réalisée avec des matériels de conception simple, de nombreuses contraintes entravent l'utilisation de la traction animale pour la récolte d'autres spéculations.

Le soulevage des arachides

La souleveuse équipée d'une lame tranchante sectionne le pivot au-dessous du niveau des gousses, à une profondeur de 5 à 10 cm, tout en émiettant le sol.

La forme, mais surtout la largeur de la lame est choisie en fonction du type de sol et de culture :

– lame pointue, étroite pour les sols secs et durs,

– lame plus large pour le soulevage des arachides rampantes en sol meuble (35 cm),

– lame droite pour les arachides cultivées sur billons.

La largeur de travail varie de 20 à 50 cm suivant le type de lame, nécessitant un effort de traction réduit en sol meuble, mais qui s'accroît rapidement avec la sécheresse, cela entraîne un pourcentage de perte élevé.

En employant un cheval ou une paire de bœufs, il faut de 8 à 12 heures de travail pour récolter un hectare.

Les obstacles à la récolte des autres produits

Aucune autre culture ne se prête actuellement à l'emploi de la traction animale pour effectuer les travaux de récolte.

– La récolte des racines et des tubercules (igname, manioc) exige des efforts de traction qui dépassent largement les possibilités des attelages disponibles.
– Pour la récolte des céréales (riz pluvial, maïs, mil, sorgho), les faibles dimensions des parcelles, souvent encombrées d'obstacles, la complexité et le prix élevé des matériels, comme les moissonneuses utilisées autrefois en Europe et en Amérique du Nord, les rendent inadaptés aux exploitants individuels. En rizière inondable, les risques d'embourbement sont élevés.
– La récolte mécanique des fourrages est rare. L'état des pâturages naturels, ainsi que la taille des herbes rendent difficile l'emploi de faucheuses et autres machines de fenaison.

La faucheuse à traction animale, à barre de coupe intermédiaire (largeur 1,07 m ou 1,27 m) et entraînement du mécanisme par la roue, conçue pour la récolte des fourrages dans les zones tempérées ne peut pas être utilisée pour la coupe des graminées naturelles ou légumineuses en zone tropicale. La masse végétale est bien souvent trop importante, les tiges ligneuses sont trop grosses et l'implantation des graminées est fréquemment en souches de 20 cm de hauteur.

La récolte mécanique des fourrages nécessite tout d'abord de privilégier le développement de plantes fourragères susceptibles d'être fauchées.

L'adjonction d'un moteur auxiliaire (moteur thermique-puissance de 2 à 3 kW) sur la faucheuse pour l'entraînement du système de coupe, permet, d'une part, de soulager les attelages qui avancent de façon irrégulière ou trop lente (surtout les bœufs) et, d'autre part, d'augmenter la largeur de coupe : 1,5 m.

Un modèle s'adaptant sur le bâti du polyculteur a été expérimenté, mais n'est pas utilisé. Celui-ci pouvant être aussi le support d'autres

matériels de fenaison dérivés des équipements des motoculteurs (faneur à disques andaineurs à décharge latérale).

Pour le conditionnement des fourrages, aucun matériel à traction animale n'est actuellement utilisé en Afrique.

Les manèges

L'exhaure de l'eau, l'égrenage des céréales, le broyage du grain sont des opérations réalisées à poste fixe, avec la possibilité d'utiliser la force de traction des animaux comme source d'énergie, grâce à des mécanismes spécifiques.

Dans un manège à piste circulaire, la rotation d'un axe vertical est assurée par des animaux marchant en un cercle horizontal. L'animal est attelé à une flèche (généralement en bois) reliée à un axe vertical qui comporte une série d'engrenages entraînant une roue, une meule, un treuil ou toute autre machine en rotation. Attelé à un manège, un âne fournit une puissance d'environ 0,12 kW, un cheval ou un bœuf une puissance d'environ 0,18 kW. Les possibilités d'utilisation sont d'autant plus réduites que les manèges ont un mauvais rendement. Les applications les plus courantes sont limitées à l'entraînement de machine à vitesse lente, bien qu'il soit possible d'adapter des dispositifs multiplicateurs de vitesse. Le coût élevé limite l'installation d'un manège dans une seule exploitation et l'utilisation en commun exige une bonne entente et une bonne organisation du groupe.

L'emploi le plus courant des manèges concerne l'exhaure. Le manège entraîne une pompe ou une roue élévatrice dotée d'une chaîne à godets. Avec un âne, le débit peut atteindre 3 000 litres par heure pour un puisage à 10 m, mais il faut compter un temps de repos d'au moins 50 %. Pour le puisage à grande profondeur (plusieurs dizaines de mètres), une autre technique d'exhaure consiste en la traction directe et rectiligne d'un câble relié à un récipient de grande contenance (seau, outre). L'emploi d'une poulie limite le frottement et l'usure du câble (le plus souvent en fibres), mais cette technique est lente et peu pratique.

Les manèges sont utilisés aussi pour l'entraînement de machines de transformation des produits :

– broyeur à canne à sucre au moyen d'un moulin à axe vertical ;
– presse pour l'extraction de l'huile de palme ;
– moulin à céréales.

Les applications sont très limitées et sont restées le plus souvent à l'état expérimental ou de prototype, bien qu'il y ait de nombreuses possibilités non développées à ce jour, comme le décorticage du riz, le broyage du maïs ou du manioc, le battage des céréales, dont l'entraînement n'exigerait qu'une puissance inférieure à un demi-cheval. Les obstacles au développement de ces manèges sont multiples :

– le matériel est lourd et encombrant, parfois complexe, utilisé seulement à poste fixe et généralement pour l'entraînement d'un seul type de machine ;

– le rendement est limité ;

– le coût d'acquisition est élevé par rapport aux capacités d'investissement d'un exploitant ;

– l'utilisation collective pose le problème de la responsabilité et de la gestion.

Ces matériels ne sont plus fabriqués (ou rarement) et sont de plus en plus remplacés par de petits moteurs thermiques de faible puissance, et disponibles sur presque tous les marchés à des prix réduits.

Dans certaines régions, le battage des céréales est encore effectué de façon rudimentaire par le piétinement des animaux ou par la traction d'un traîneau en bois sur une aire aménagée de forme circulaire, en terre séchée, ou plus rarement en ciment (photo 8.7). Le rendement est faible et le produit, qui peut être souillé par les excréments des animaux, est ensuite rassemblé et trié à la main au moyen de vans.

Photo 8.7.
Battage des céréales au traîneau, Tunisie (photo M. Havard).

Le transport

Le transport des personnes et des produits, activité quotidienne importante en zones rurales et urbaines, est réalisé par différents moyens adaptés aux animaux : la monte, le portage, le traîneau, la charrette et le char.

La monte

Le déplacement à dos d'âne, de cheval et de chameau est courant en zone méditerranéenne, sahélienne et subsaharienne. L'âne, apprécié pour sa grande rusticité, est le plus utilisé, sans aucun harnachement (vitesse de 5 à 8 km/h). Parfois, le bœuf est employé (Mauritanie, Sénégal, Mali, Tchad, etc.). Le cheval et le dromadaire sont des moyens de déplacement plus nobles. Ils sont harnachés et équipés de selles spécifiques fabriquées localement.

Le portage

Le transport par portage sur le dos des animaux est répandu dans toutes les zones tropicales. La charge, d'une cinquantaine de kg pour les ânes (car les ânes africains sont de petit format ; avec des races plus lourdes elle peut atteindre 100 kg) à 300 kg pour les dromadaires, se fixe de trois façons :
– le brêlage, directement sur le dos de l'animal, s'emploie pour des produits volumineux (photo 8.8) ;
– le bât à ossature en bois, protégé par des bourrelets rembourrés, sert pour des matériaux rigides (briques, bois, récipients d'eau) ;
– les paniers, en besace, sont adaptés aux produits en vrac.

Le traîneau

Des traîneaux en bois, de fabrication artisanale, sont utilisés dans certaines régions d'Afrique subsaharienne, ainsi qu'à Madagascar. Leurs principaux avantages sont la simplicité de fabrication, d'entretien et d'utilisation, et le coût réduit. Plus étroits que les charrettes, avec un centre de gravité très bas, les traîneaux passent mieux dans les terrains en pente, ou peu portants, mais ils sont déconseillés sur piste, car l'effort de traction est plus important qu'avec une charrette, et les

Photo 8.8.
Le portage des épis de mil par un dromadaire, Niger (photo G. Herblot).

passages répétés accélèrent les phénomènes d'érosion. C'est pourquoi leur emploi est proscrit dans des pays à relief accidenté. Une paire de bœufs déplace une charge d'environ 200 kg, sans grande fatigue, à une vitesse de 3 km/h sur plusieurs kilomètres.

Une variante du traîneau est le « travois », constitué de deux longues perches qui se fixent au flanc des animaux et qui se recroisent sur leur encolure ; cela forme une sorte de A dont les deux extrémités glissent sur le sol. Ce système bon marché et simple à réaliser était utilisé par les indiens d'Amérique avec leurs chevaux et parfois avec des chiens.

La charrette

La charrette à traction animale est le matériel de transport le plus répandu en régions tropicales. Dans les zones rurales, les paysans, les artisans et les commerçants les utilisent pour les usages domestiques (eau et bois), agricoles (semences, engrais, fumier, récolte), commerciaux et les déplacements à caractère social (photo 8.9).

La charge utile (CU), charge supportable par une charrette sans déformation ni rupture en tous terrains, est comprise entre 500 kg pour un âne et 1 000 kg pour une paire de bœufs.

Les charrettes sont équipées de roues en bois, en fer, et de plus en plus, à pneumatiques, récupérés sur des véhicules automobiles réformés.

La roue à rayons en bois et celle en fer sont généralement de grand diamètre (1 à 1,2 m). Celles de petit diamètre (0,5 à 0,8 m) sont plus légères, mais peu employées, car le coefficient de roulement est moins bon, la garde au sol réduite et l'usure du moyeu plus rapide. La roue à rayons en bois avec un cerclage en fer équipait autrefois tous les chariots. Construite en Afrique du Nord, en Égypte, en Afrique du Sud et à Madagascar, on la rencontre rarement ailleurs. La roue métallique a été introduite dans les régions au Sud du Sahara pour les transports en zone humide (grande portance et facilité de franchissement des petites dénivellations), mais également en zone sableuse, car elle évite en particulier le problème de crevaison par les épineux.

La charrette à deux roues à pneumatique répond le mieux à la diversité des besoins et des situations. Elle exige un effort de traction minimal, car le coefficient de roulement des roues à pneumatiques montées sur roulement à billes est le meilleur : de plus de 35 % sur piste sèche à 64 % en terrain boueux.

Photo 8.9.
Transport des agrumes : charrette bovine, Burkina Faso (photo É. Vall).

▎ Le tombereau

Le tombereau, avec caisse qui peut parfois basculer vers l'arrière, facilite le déchargement de produits comme la terre ou le fumier. Il est très utilisé au Burkina Faso en traction asine (photo 8.10). Sa fabrication par les artisans locaux utilise des pièces de récupération (essieux d'automobiles réformées), ce qui le rend d'un prix abordable.

Photo 8.10.
Tombereau asin utilisé pour le transport des matériaux
à Bobo-Dioulasso, Burkina Faso
(photo P. Lhoste).

▎ Le char à quatre roues

Le char à quatre roues à traction animale se rencontre en zones urbaines et périurbaines de certaines villes (Bamako, Le Caire), mais aussi dans certaines plantations et zones rurales (photo 8.11). La capacité de chargement peut atteindre 3 t, car les animaux ne supportent qu'une toute petite partie du poids de la charge. Son utilisation reste limitée en raison de son prix élevé. En zones tropicales à fortes pentes, la faible capacité de traction des attelages rend aussi leur utilisation difficile.

Photo 8.11.
Chariot à quatre roues à Djénné, Mali
(photo É. Vall).

9. La fabrication et l'entretien des équipements

Le choix des composants entrant dans la fabrication des équipements agricoles de traction animale et la connaissance de leurs marchés sont importants pour mieux accompagner les acteurs impliqués dans leur fabrication et leur entretien.

Les principaux composants

La connaissance des composants principaux mis en œuvre dans la fabrication d'équipements de qualité est fondamentale. Assortie de la possibilité du contrôle des expéditions sur le lieu de fabrication, cette connaissance est un atout majeur lors de la rédaction du cahier des charges d'un appel d'offres et de la négociation des achats avec un fournisseur.

De même, un certain nombre de règles de fabrication doivent être respectées quel que soit l'équipement. En effet, leurs différentes pièces constitutives n'ayant pas les mêmes fonctions et formes, nécessitent des matériaux de qualités spécifiques (figure 9.1) :

– bâti rigide, robuste mais léger,
– dent flexible ou semi-rigide, indéformable,
– soc en acier dur, résistant aux chocs et à l'abrasion.

Les composants peuvent donc être classés, en fonction de leur mode de fabrication :

– les pièces spéciales des équipements aratoires ou pièces forgées (soc, versoir, pointe de butteur) sont en acier à haute résistance afin de résister aux efforts et aux frottements avec le sol ;
– les éléments de châssis des équipements aratoires (age, étançon, montant de roulette) supportent des contraintes mécaniques importantes dues aux efforts de traction, mais doivent rester relativement légers ; ils sont généralement réalisés à partir de profilés plats de forte épaisseur, en acier mi-dur, découpés, formés, poinçonnés ;
– les châssis des charrettes et des semoirs sont réalisés en profilés d'acier doux (tubes, cornières ou plats) ;

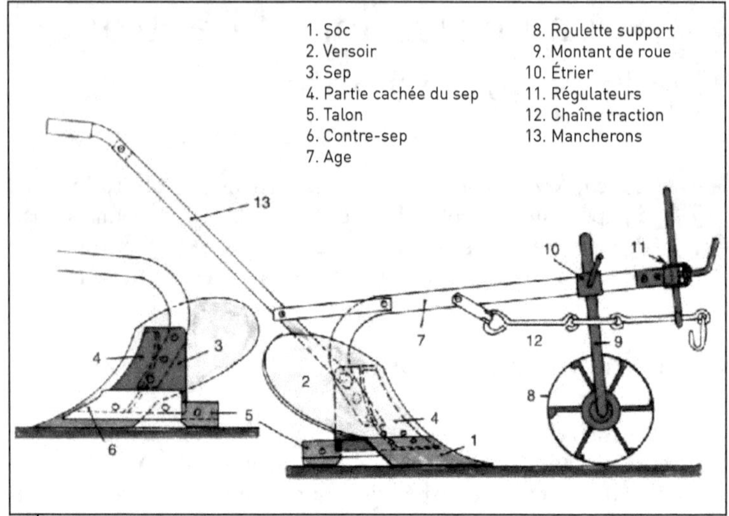

Figure 9.1.
Les principaux composants d'une charrue simple à traction animale (Cirad, 1988).

– les éléments de roulement (essieux et roues de charrettes) utilisent souvent des pneus déclassés de la production automobile ; l'essieu est réalisé à partir de billettes en acier mi-dur, usinées aux deux extrémités pour les portées de roulements ;

– les éléments divers (carter de semoir, mécanisme de distribution, roue tasseuse, talon de charrue, etc.) nécessitent des modes de fabrication spécifiques.

Le choix d'un équipement de bonne qualité (souvent plus cher) apporte des avantages :

– une réduction des coûts d'utilisation et d'entretien : on estime, par exemple, qu'un soc de charrue à bec de canard forgé, en acier au bore, a une longévité 4 à 5 fois supérieure à celle d'un soc de lame, de qualité plus ordinaire ; bien que le prix du soc en fer forgé soit de 80 % plus élevé que celui de qualité ordinaire, son coût d'usage est réduit de moitié ;

– une amélioration de la qualité du travail réalisé : une charrue équipée de pièces résistantes et conservant leur profil dans le temps pénétrera mieux dans le sol assurant une profondeur constante, un bon enfouissement des adventices ;

– une réduction significative des efforts de traction au travail du sol : la conservation de la forme originelle des pièces travaillantes et de leur dureté superficielle, facilite le passage de l'outil ;
– une interchangeabilité des pièces d'usure ;
– une garantie de sécurité pour le paysan utilisateur et une meilleure rentabilité de l'utilisation de l'équipement.

Les marchés des équipements agricoles

Les marchés des équipements agricoles de traction animale sont difficiles à appréhender. La demande des utilisateurs se focalise sur les équipements déjà largement répandus, peu diversifiés. Mais, l'information comparative sur l'offre, nécessaire à un choix raisonné d'équipements divers, est rarement accessible aux utilisateurs. Dans la plupart des pays d'Afrique subsaharienne, ces marchés ont connu de fortes évolutions dans les années 1980.

Entre 1960 et 1985, les exploitations agricoles ont acquis des équipements de traction animale, par le canal de deux marchés :
– principalement auprès des sociétés de développement agricole, ce que nous appelons « marché artificiel de développement » qui était alimenté par l'importation et la fabrication industrielle locale ;
– et accessoirement en s'adressant aux réseaux d'artisans forgerons et aux commerçants, qui constituent le « marché informel ».

Le marché artificiel de développement

Ce marché intègre fabrication, distribution et financement des équipements dans le cadre de programmes de développement de cultures de rente (arachide et coton), dont la commercialisation est contrôlée par l'État. L'avantage de ce système est de faciliter le recouvrement des crédits d'équipement à partir des productions vendues. Ce marché a été très important jusqu'au début des années 1980, particulièrement avec l'arachide au Sénégal, et le cotonnier au Mali, au Burkina Faso, en Côte d'Ivoire et au Tchad. Ensuite, confrontés à des difficultés de gestion, à des taux élevés d'impayés des paysans et aux programmes d'ajustements structurels agricoles, les programmes de diffusion des équipements ont été arrêtés dans les zones arachidières et réduits en zones cotonnières.

Les types et les modèles d'équipements sont choisis par la recherche et le développement agricoles pour mettre en œuvre des recommandations techniques comme l'intensification de l'agriculture. Le paysan est cantonné dans un rôle d'utilisateur sans réelle participation au choix des équipements. Ce marché n'est pas soutenu par une demande solvable des paysans. Cependant, il permet, grâce aux subventions et au crédit, la diffusion rapide d'équipements aux producteurs, selon les souhaits des politiques, sans se préoccuper des capacités de remboursement des producteurs. Ainsi dans le bassin arachidier du Sénégal, des multiculteurs ont été vendus pendant plusieurs années avec des corps de charrue qui n'ont jamais été utilisés, car les agriculteurs effectuent des semis précoces sans travail du sol.

Pour des raisons de simplification et de réduction des coûts, intéressant fabricants, distributeurs et financiers, une seule gamme d'équipements est proposée. Des économies d'échelle sont alors réalisées grâce à des volumes individuels plus importants, l'homogénéisation des circuits de financement et une distribution plus aisée des équipements. Ce marché est alimenté par l'importation et la fabrication industrielle locale.

De nombreuses commandes importantes sont faites par voie d'appels d'offres internationaux ou bilatéraux, presque toutes sur des financements extérieurs. Parfois des dotations en nature sont octroyées au titre de l'aide au développement. Il arrive aussi que les équipements fournis soient peu adaptés au contexte agricole. À la suite de commandes imprécises sur les normes de fabrication, d'appels d'offres rédigés de manière trop vague sur les caractéristiques des équipements, les agriculteurs sont confrontés à des situations désastreuses : difficulté voire impossibilité d'emploi des équipements, absence de recours juridique. Ainsi, à la fin des années 1980, l'importation de 7 000 charrues au Tchad, sans cahier des charges, a abouti à la livraison de modèles fragiles avec pour conséquence de nombreuses casses à l'utilisation. La coopération, bilatérale et internationale, a favorisé la multiplication d'équipements différents de qualité variable. L'attribution des marchés au moins-disant, la concurrence entre pays fournisseurs et leur souci de se maintenir dans leur zone d'influence, priment alors sur la convenance d'équipements adaptés aux besoins des agriculteurs.

Dans les années 1960 et 1970, les importants programmes de diffusion d'équipements agricoles ont favorisé la création d'industries de fabrication d'équipements de culture attelée (charrue, charrette, houe, semoir...) et à commande manuelle (crible, tarare, pompe...). Les États et les pays développés sont fréquemment intervenus dans ces industries par des participations au capital et des appuis en personnel expatrié. Dans la plupart des pays, ces industries sont protégées, soit par un monopole de fait, soit par un avantage octroyé par l'État principal actionnaire. Dans quelques pays, ces industries sont laissées en concurrence avec les fournisseurs de produits importés. Les coûts de fabrication leur sont alors rarement favorables d'autant que les matériaux de construction (aciers, composants) sont parfois fortement taxés et les équipements agricoles importés exonérés de taxes.

Généralement, ces unités se sont contentées de produire un nombre d'équipements donné, d'assurer des emplois, sans se soucier réellement des prix de revient, ni même parfois du marché. Elles ont été rapidement confrontées à des difficultés de rentabilité, à cause de délais d'approvisionnement très longs, de la fluctuation importante des commandes pour l'agriculture, mais aussi d'une organisation et d'un fonctionnement laxistes. De lourdes charges financières en ont résulté pour les gouvernements et les bailleurs de fonds impliqués. Ces derniers ont préconisé le désengagement de l'État et le développement de l'initiative privée.

Les unités les plus performantes ont été restructurées, parfois privatisées, diversifiant leurs fabrications et recherchant des marchés plus réguliers et plus porteurs : constructions métalliques, mobiliers de bureau et d'école, citernes. La production d'équipements agricoles est alors devenue une activité secondaire : cas de la Société Industrielle Sénégalaise de Mécanique, de Matériels Agricoles et de Représentations (SISMAR) au Sénégal.

Les forgerons locaux sont tenus à l'écart de ce circuit, même pour la fourniture de pièces détachées, car il est plus facile de traiter avec un industriel ou une grosse société de distribution qu'avec un groupement d'artisans. Ainsi, jusqu'en 1980 au Sénégal, la distribution des pièces détachées se faisait par une société de distribution, la SONADIS (Société nationale de distribution des denrées alimentaires) et non par des forgerons dépositaires.

▶ Le marché informel

Ce marché se fonde sur une demande solvable des agriculteurs. Souvent négligé des structures de développement agricole et des décideurs, il a progressé dans plusieurs pays à partir de 1975 : Sénégal, Mali, Burkina Faso et Guinée. Hors des zones cotonnières, seul ce circuit est pourvoyeur d'équipements, mais pour des quantités faibles.

Il s'appuie sur des compétences artisanales et sur une disponibilité locale des matières premières.

L'importance de la production globale de ce réseau et le marché correspondant sont peu connus, et extrêmement variables selon les pays. Pour les équipements en service, la fabrication artisanale représente près des 2/3 des charrettes au Mali, au Sénégal et au Burkina, 50 % des souleveuses d'arachides adaptables sur multiculteurs au Sénégal, moins de 10 % des charrues au Mali, en Guinée, au Burkina Faso, quelques milliers de multiculteurs et houes au Mali.

Les équipements, reproduits à partir de modèles importés ou provenant de l'industrie locale, subissent parfois des modifications dont certaines sont assez intéressantes pour une diffusion large ; c'est le cas d'une lame souleveuse d'arachides au Sénégal (photo 9.1). Toutefois, réalisés à partir de ferraille de récupération, ces équipements sont bon marché, mais relativement fragiles.

Photo 9.1.
Modèle de lame souleveuse
de fabrication artisanale en vente sur
un marché hebdomadaire au Sénégal
(photo M. Havard).

Les relations de proximité favorisent des modalités de financement spécifiques entre paysans et artisans : remboursement en nature, crédit, échange de services. Mais les faibles marges des forgerons ne leur permettent pas de capitaliser pour investir et améliorer leurs capacités de fabrication.

La fabrication artisanale est restée longtemps accaparée par la production d'outils manuels traditionnels avec des matériaux locaux : ferraille de récupération, bois, cuirs. Parallèlement aux programmes de mise en place d'équipements, des « opérations forgerons » visant la modernisation des ateliers et la formation des artisans traditionnels à des techniques plus élaborées ont été soutenues par la FAO, le Bureau International du Travail (BIT), l'Organisation des Nations Unies pour le Développement Industriel (ONUDI) dans tous les pays et par les coopérations bilatérales, avec des ONG (Prommata en France). Les objectifs visaient l'émergence d'un secteur artisanal apte à assurer la maintenance des équipements de traction animale, puis pour les plus compétents à fabriquer des équipements complets, voire pour certains à devenir des sous-traitants d'unités industrielles (photo 9.2).

Photo 9.2.
Artisan forgeron dans son atelier au Nord Cameroun (photo É. Vall).

Les résultats obtenus sont variables. Ils sont importants dans les pays qui ont une tradition du travail du fer et où la traction animale est développée : Sénégal, Mali, Burkina Faso, Guinée. Des réseaux d'artisans compétents (menuisiers métalliques et forgerons) pour les réparations et les fabrications d'équipements de traction animale se mettent en place progressivement. Seuls certains artisans, le plus souvent situés dans les centres urbains et les gros villages, fabriquent des équipements agricoles. Les plus dynamiques diversifient leurs activités : maintenance et fabrication des moulins, des pompes, entretien des cyclomoteurs... En s'associant, ils peuvent fabriquer des équipements en petite série pour le compte de sociétés ou d'organismes, à condition de résoudre le problème d'approvisionnement en matière première et de s'organiser pour la vente aux agriculteurs : exemple de la Société Coopérative des Forgerons de l'Office du Niger (SOCAFON) au Mali.

En comparaison des unités industrielles, les réseaux d'artisans présentent l'avantage d'une capacité d'adaptation et d'une flexibilité supérieures. La qualité de fabrication est d'ordinaire inférieure aux produits importés quand ils sont d'origine garantie, mais parfois comparable à la production des usines locales quand les forgerons peuvent disposer de matériaux de bonne qualité. Les prix varient entre 40 et 90 % de ceux des équipements importés. Ils résultent généralement d'une négociation au cas par cas entre l'artisan et son client. Le prix de revient et le service rendu ne sont pas évalués par les artisans (photo 9.3).

Actuellement, les volumes de production d'équipements agricoles par pays sont trop modestes pour permettre de rentabiliser les fabrications par une unité industrielle nationale. De plus l'irrégularité des marchés n'encourage pas les industriels à maintenir la qualité de fabrication, mais surtout cela compromet toute volonté de planification (figure 9.2, p. 159). Enfin, les unités de fabrication artisanales sont en plein essor, mais elles ne peuvent soumissionner à des appels d'offres et honorer des commandes importantes. En effet, elles se trouvent confrontées à des contraintes fortes :

– impossibilité de fabrication en série importante ;
– absence de standardisation ;
– zones d'interventions trop réduites ;
– approvisionnement en matières premières problématique, marginal et donc coûteux, que même les regroupements ne rendent pas nettement plus avantageux ;
– accès au crédit très limité.

Photo 9.3.
Pièces détachées pour l'équipement de culture attelée,
fabrication artisanale, Sénégal
(photo M. Havard).

L'offre et la demande

La plupart des programmes d'équipements sont arrêtés depuis près de 20 ans, de nombreux équipements sont mal utilisés (voire non utilisés) et peu de nouveaux acteurs s'impliquent dans la distribution des équipements aux producteurs (logistique et financement). Bien entendu, influer sur les procédures des marchés d'équipements est extrêmement difficile, particulièrement dans le contexte actuel de désengagement des États et de réduction du nombre de Projets de Développement Agricoles Intégrés. Néanmoins, il apparaît indispensable de promouvoir des actions d'accompagnement et de sensibilisation afin de consolider les acquis et permettre aux différents acteurs de trouver leur place pour arriver à « équilibrer » la filière (figure 9.2).

▚ La qualité de l'offre en matériels agricoles

Un meilleur contrôle de la qualité des équipements est indispensable, ainsi qu'une prise en compte effective des besoins des producteurs. L'ouverture au marché international permet la concurrence, condition stimulant l'efficacité des entreprises locales et l'accroissement des compétences locales. Cette ouverture a aussi des inconvénients : introduction d'un trop grand nombre de marques, création temporaire de sociétés qui n'assurent pas la fourniture des pièces détachées. Les États doivent être vigilants et mettre en place un dispositif de contrôle et de suivi des procédures d'importation. Pour une commande donnée, un cahier des charges doit décrire aussi précisément que possible l'équipement commandé et définir avec exactitude les normes d'acier ou les équivalents, correspondant au niveau de qualité recherché. En corollaire à une commande bien faite, le contrôle à la réception doit également être effectué. Les lots importants d'équipements, qu'ils soient d'importation ou de fabrication locale, devraient être soumis à un contrôle de qualité (homologation) réalisé par un Centre spécialisé, National ou International. Au Sénégal, le Centre National de la Recherche Agronomique de Bambey a effectué des essais de matériels proposés pour leur homologation par le « programme agricole » dans les années 1970.

Les industriels constructeurs ont rationalisé leurs productions, dans la mesure du possible, en réduisant le nombre de composants, simplifiant les formes, les modifiant en fonction de leurs moyens, et utilisant les mêmes pièces sur différents matériels. C'est le cas sur les équipements produits par la SISMAR au Sénégal, où les mêmes corps de charrues, dents de sarclage, corps butteurs et souleveuses se montent sur des multiculteurs différents (Sine et Ariana). Il est impensable, pour un même constructeur, de construire des équipements aux caractéristiques voisines si le volume de production, pour chaque type, ne le justifie pas et si un seul des modèles peut satisfaire le plus grand nombre d'utilisateurs. La standardisation des composants conduit à une réduction significative des coûts de fabrication et de maintenance par une diminution du nombre de références et par un allongement important des séries.

Cette démarche de standardisation souhaitable en production industrielle, doit cependant être prudente et ne doit pas conduire à une réduction des possibilités de choix des agriculteurs. Elle ne doit nuire ni à l'efficacité de l'équipement ni à sa fiabilité. L'artisanat n'est pas tenu à cette contrainte. Il peut même tirer avantage de ses possibilités

à diversifier et adapter les équipements à des conditions spécifiques d'utilisation.

Soutenir les réseaux d'artisans

Dans la majorité des pays, la mise en place d'un tissu semi-industriel et artisanal de fabrication d'équipements agricoles est récente et encore fragile. Les initiatives doivent être encouragées : allégements fiscaux, régularité des approvisionnements en énergie et en matière première, étude des possibilités de *«joint venture»* avec des entreprises des pays développés... Suivant les équipements, des études approfondies doivent être entreprises sur le niveau de fabrication locale le plus approprié tenant compte des coûts, de la régularité et du volume du marché, des difficultés de fabrication de certaines pièces.

Les artisans devraient être mieux intégrés dans les programmes de crédits d'équipements agricoles. En effet, jusqu'à présent, ils peuvent bénéficier de crédits d'investissement pour équiper leurs ateliers, et les paysans obtiennent des crédits d'équipement qui ne sont pas employés pour acheter des équipements agricoles aux artisans. Il est nécessaire de tester, expérimenter des formules permettant aux artisans d'avoir accès aux marchés des équipements agricoles achetés à crédit.

L'acquisition et la qualité des matières premières est une des contraintes majeures des artisans. Un certain nombre d'expériences et de projets ont déjà été tentés, en particulier la création de centrales d'achat, mais peu subsistent car leur taille est encore trop petite pour leur permettre d'obtenir des réductions de prix significatives. Le regroupement d'associations d'artisans avec des industries locales est une alternative envisagée dans de nombreux cas, mais qui s'est rarement concrétisée. Les industries ne souhaitant pas aider les artisans considérés comme des concurrents potentiels, et non comme un maillon pouvant être complémentaire : représentation locale, montage de certains équipements, sous-traitance... Dans la plupart des pays, les artisans ne sont pas organisés pour défendre leurs intérêts. Des expériences de sous-traitance à l'artisanat ont déjà été mises en œuvre mais à l'initiative de projets et de sociétés de développement agricole. La SMECMA au Mali a sous-traité dans les années 1980 la fabrication des régulateurs et anneaux de charrues à des artisans. La Compagnie Française de Développement des Textiles en Guinée en 1994-1995 a commandé des essieux de charrettes au Mali qu'elle a remis à des ateliers locaux pour la fabrication du plateau.

La modernisation des ateliers et la formation technique des artisans ruraux ont fait l'objet de nombreuses expériences et projets dont l'impact est important, mais encore insuffisant. La croissance de nombreux ateliers, dont les responsables ont acquis des compétences reconnues sur la mécanisation agricole, est limitée par des problèmes de gestion (élaborations de devis, suivis de la clientèle...) auxquels il convient de s'intéresser.

▍ Structurer la demande en matériels agricoles

En l'absence de structures professionnelles ou de développement, deux handicaps font obstacle à la distribution directe des équipements agricoles aux paysans : le manque de garanties d'un paysan isolé et le peu d'intérêt des organismes bancaires à gérer des dossiers de montants faibles (moins de 300 €).

Toutes les charges liées aux approvisionnements en intrants sont de plus en plus fréquemment transférées des anciennes structures (projets de développement, organisations non gouvernementales) vers les organisations qui se mettent en place un peu partout. Ces organisations doivent aussi cautionner les crédits d'équipement indispensables dans la majorité des situations agricoles. L'organisation paysanne se trouve donc être de fait, le seul interlocuteur crédible d'un organisme bancaire classique (figure 9.2). Elle sera amenée à s'impliquer de plus en plus dans l'approvisionnement en équipements agricoles. Vu l'inexpérience de leurs responsables et les faibles quantités commandées, les organisations paysannes rencontreront des difficultés majeures à organiser la distribution des matériels agricoles. La formation des responsables aux différentes tâches de gestion d'un programme d'approvisionnement en matériels agricoles et l'accompagnement des organisations dans la mise en œuvre de ces programmes deviennent des préoccupations prioritaires.

Le choix des paysans, évaluant leur prise de risque face à un nouvel achat, se fait sur des critères propres variant en fonction de leurs objectifs mais aussi de leurs connaissances. Par manque d'informations et de références techniques, ces choix ne sont pas toujours les plus opportuns. Couramment, la préférence est accordée à du matériel léger, monovalent et peu coûteux au détriment de la robustesse et de la polyvalence.

Diverses raisons peuvent expliquer ce choix, car les paysans :

– mettent en relation directe le poids de l'appareil et l'effort nécessaire au travail, et ce sont souvent les enfants et les adolescents qui travaillent avec les attelages ;

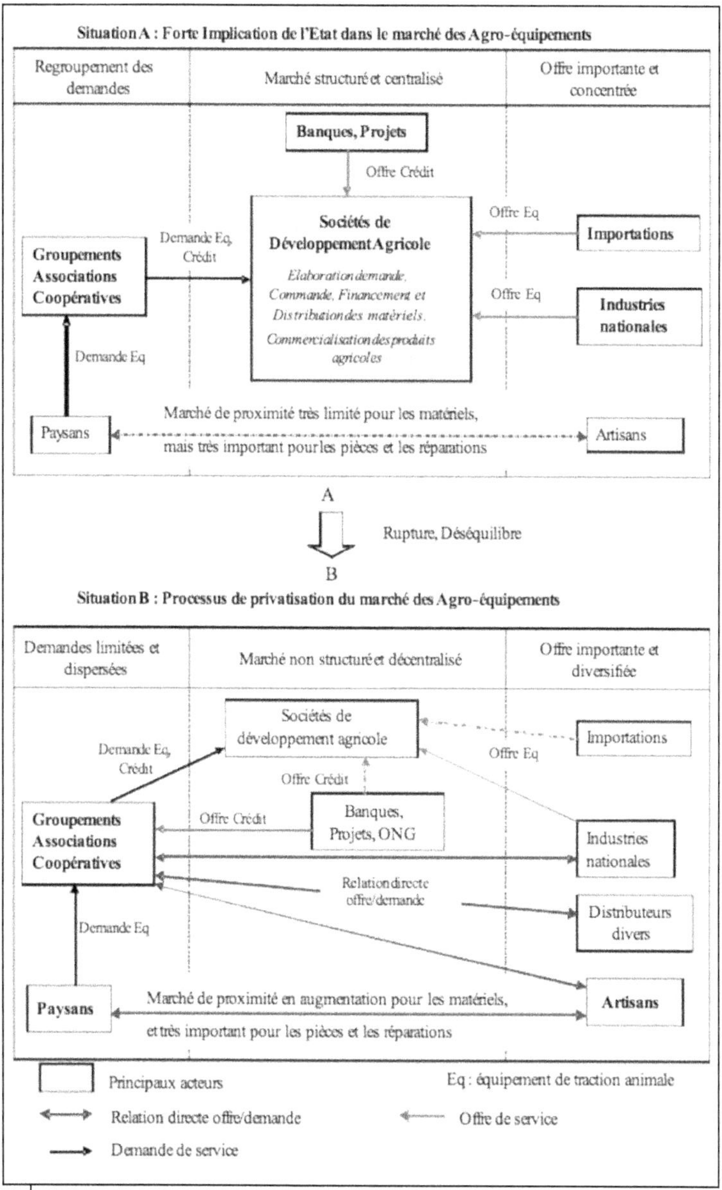

Figure 9.2.
Représentation schématique de l'évolution des marchés des agro-équipements.

– se réfèrent au modèle ancien connu et disponible, même si celui-ci est imparfait, d'où une réelle difficulté à innover ;
– cherchent les matériels peu coûteux, généralement plus légers et moins robustes ;
– sont peu exigeants sur la qualité du travail, car la traction animale est parfois utilisée dans un objectif d'extensification et non pas d'intensification.

Ces 20 dernières années, d'une génération à l'autre de paysans, le transfert des acquis en matière d'utilisation de la traction animale s'est fait avec une certaine déperdition des connaissances, même dans les régions où elle est fortement implantée. Ceci est dommageable au bon emploi des attelages et à l'efficacité des techniques mécanisées et confirme les besoins de formation des producteurs sur la connaissance des caractéristiques des matériels agricoles et sur les conditions de leur utilisation.

Bovins : zébus attelés à Madagascar (© F. Lhoste).
Noter le joug de garrot très sommaire.

Bovins : taurins attelés à une charrette au Burkina Faso (© É. Vall).
Harnachement également très sommaire.

Équidés : chevaux et mules utilisés comme montures dans le Nord-Est du Brésil (© P. Lhoste).

Ânes : transport du bois avec charrette asine au Burkina Faso (© P. Lhoste). Noter la présence de deux ânes de relais, de part et d'autre de celui qui est attelé au centre.

Bubalins : buffle de travail, au repos, au Laos (© P. Lhoste).
La cordelette dans la cloison nasale a remplacé l'anneau en métal.

Camélidés : dromadaires en transhumance au Tchad (© B. Bonnet).
Noter la présence de nombreux chamelons.

Éléphants d'Asie utilisés pour le portage au cours d'un déplacement (© O. Husson).

Caprins : boucs utilisés pour tirer de petites charrettes en ville, au Honduras (© G. Brunschwig).

Bœufs de trait de type zébu, en stabulation au Burkina Faso (© P. Lhoste).
Noter l'abondante litière pour la fabrication de fumier.

Taurins de race N'dama (en cours de dressage pour le travail) à l'auge
(© M. Havard). Le fourrage distribué comprend des feuillages.

Buffles de travail en stabulation au Vietnam (© O. Husson).
Paniers destinés à recueillir le fumier.

Réserves de fanes d'arachide (fourrage) stockées
en hauteur, au Sénégal (© P. Lhoste).

Cheval de trait alimenté à l'exploitation au Sénégal (© P. Lhoste).
Noter la réserve de fourrage derrière l'animal.

Groupe d'ânes destinés à la vente pour tirer des charrettes
à Bobo-Dioulasso, au Burkina Faso (© P. Lhoste).
Complémentation alimentaire des animaux sur le marché.

Abreuvement des dromadaires au Tchad
(© A. Le Masson).

Transport du fumier avec l'âne au Burkina Faso (© É. Vall).
Noter la présence de l'ânon, à coté de sa mère attelée.

Caravane de dromadaires porteurs au Niger (© F. Lhoste).

Ânes porteurs en Éthiopie (© O. Husson).

Bovins porteurs au Nigeria, lors d'une transhumance (© B. Bonnet).

Chevaux porteurs au Vietnam (© O. Husson).

Bovins zébus attelés à des tombereaux à Madagascar (© O. Husson).
Noter les tombereaux traditionnels de fabrication artisanale et l'état
des pistes qui ne permettrait pas à des véhicules automobiles de circuler.

Bovins attelés à la charrette en Casamance au Sénégal (© P. Lhoste).
Joug de tête et charrette métallique de fabrication industrielle locale,
de conception simple.

Âne attelé à une charrette pour le transport de résidus de récolte (© É. Vall).
Harnachement sommaire, notamment le collier fabriqué avec un vieux pneu.

Cheval attelé à la charrette au Sénégal (© M. Havard).
Harnachement sommaire, notamment la bricole.

Travail manuel de la rizière avec la bêche diola *(kayendo)*, en Guinée Bissau (© É. Penot/Cirad).

Travail du sol avec araire traditionnelle *(maresha)* en Éthiopie (© O. Husson). Noter aussi la présence d'un attelage d'équidés en arrière-plan.

Labour bovin en rizière, au lac Alaotra, à Madagascar (© P. Dugué).
Joug de garrot très sommaire.

Préparation de la rizière inondée avec une paire de buffles en Indonésie
(© G. Herblot/Cirad).

Travail superficiel, ou *radou,* en traction bovine au Sénégal (© P. Dugué/Cirad).
Joug de tête, le plus commun au Sénégal.

Semis avec un âne au Sénégal (© P. Dugué/Cirad).
Harnachement : une bricole.

Semis direct sous couverture végétale au Brésil (© O. Husson).
Harnachement en cuir avec, là aussi, une bricole.

Buttage du cotonnier au Burkina Faso (© P. Dugué).

10. La traction animale et le développement durable en Afrique subsaharienne

Introduction

En Afrique subsaharienne, l'adoption de la traction animale s'est traduite par une forte extension des zones de cultures sur les espaces non cultivés (savanes naturelles), au cours des dernières décennies du XXe siècle (voir chapitre 11). Elle a donc contribué à accroître la pression anthropique sur les ressources agro-sylvo-pastorales. Or dans cette région fortement marquée par les aléas pluviométriques et la fragilité des ressources, la durabilité des agro-éco-systèmes était garantie par une faible pression anthropique, grâce notamment à la pratique de la jachère, la préservation des arbres... Le développement de la traction animale a été, de fait, un facteur de risque pour la durabilité de ressources naturelles comme les sols et les arbres. Il a aussi induit de nouvelles relations d'échanges et de conflits entre les éleveurs et les cultivateurs.

Ce chapitre vise à examiner les effets positifs et négatifs de la traction animale sur les différentes composantes du développement durable, dimension écologique (sols, forêts, biodiversité), économique (économie des ménages, gestion du travail) et sociale (relations entre propriétaires et utilisateurs d'attelages, entre équipés et non équipés...).

La traction animale et l'économie familiale

▶ Effets positifs de la traction animale dans le domaine économique

De nombreuses études conduites notamment dans les zones cotonnières d'Afrique ont permis d'évaluer l'accroissement des productivités du travail et de la terre rendu possible par la traction animale (tableau 10.1).

Tableau 10.1. Productivités du travail et de la terre dans des exploitations agropastorales de l'Ouest du Burkina Faso (source : enquête réalisée sur 300 exploitations en 2008).

Type d'exploitation	Surface cultivée ha/actif	Coton produit kg/ha	Coton produit kg/actif
Agriculteurs sans attelage	1,0	868	394
Agriculteurs possédant 1 à 2 paires de bovins	1,1-1,8	927-937	465-865
Agro-éleveurs possédant 2 à 3 paires de bovins et un petit troupeau	1,5-2,0	923-1274	635-1243

L'augmentation d'énergie apportée par la force animale permet de réduire certains goulets d'étranglement sur les chantiers nécessitant beaucoup de travail, comme la préparation des terres. C'est pourquoi la technique est souvent appréciée par sa capacité à réduire la pénibilité d'opérations comme le labour. Mais en conséquence, les pics de travail se reportent sur les activités nécessitant plus d'attention et de technicité comme les sarclages et les récoltes, et les quantités de produits à transporter augmentent. La vitesse d'exécution des activités mécanisées en traction animale est accrue, ce qui permet un meilleur suivi des calendriers culturaux et donc conduit à de meilleurs rendements (semis et désherbages plus précoces…).

L'adoption de la traction animale, s'accompagne généralement du développement des prestations de service comme le transport attelé et les travaux à façon (labour, entretien des cultures). Au Nord Cameroun, où moins de 30 % des unités de production possédaient un attelage en 2000, les tarifs étaient les suivants : labour 15 000 FCFA/ha (22,9 €), sarclage et buttage 7 500 FCFA/ha (11,4 €). Les tarifs de transports variaient selon les quantités et les distances de transport entre 1 000 et 2 000 FCFA par voyage (entre 1,5 et 3 €). Au Sénégal, le transport hippomobile est particulièrement développé après la saison des cultures, notamment par les jeunes qui trouvent ainsi une activité de contre-saison génératrice de revenu (transport de personnes en calèches, ou de marchandises en charrettes). Dans de nombreuses villes d'Afrique de l'Ouest le transport des matériaux de construction et celui du bois de feu vers les villes sont aussi très actifs et souvent assurés, en bonne part, par des ânes.

L'acquisition de bovins de trait constitue également une forme d'épargne sur pieds. Le plus souvent achetés jeunes, vers l'âge de 3 ans au stade de taurillon, les bovins sont ensuite exploités pour la traction durant une période plus ou moins longue, comprise entre 5 et 10 années en Afrique centrale, parfois nettement plus courte (Sénégal, Gambie). En fin de carrière, ayant atteint leur taille adulte, ils sont réformés en boucherie et l'éleveur réalise alors une plus-value intéressante lui permettant d'acquérir un nouvel attelage et souvent de dégager un profit substantiel. Selon nos estimations, lorsque l'on prend en compte le prix d'achat des taurillons, les charges annuelles d'entretien et le prix de revente, la plus-value optimum est atteinte au terme de 3 à 5 années pour un animal acheté à 3 ans et, sur cette période, le taux d'intérêt annuel a été estimé entre 10 et 15 % par an (figure 10.1). Ce sont donc les carrières relativement courtes qui sont les plus « rentables » et c'est d'ailleurs ce que font d'eux-mêmes beaucoup d'utilisateurs en Afrique de l'Ouest (Lhoste, 1987). Les inconvénients de ces carrières courtes sont les renouvellements plus fréquents de ces animaux ainsi que l'augmentation de la fréquence des dressages ; cela peut aussi poser problème dans les régions où la disponibilité des jeunes bovins n'est pas assurée.

Les équidés, qui n'offrent pas un débouché identique en boucherie, effectuent de fait des carrières plus longues.

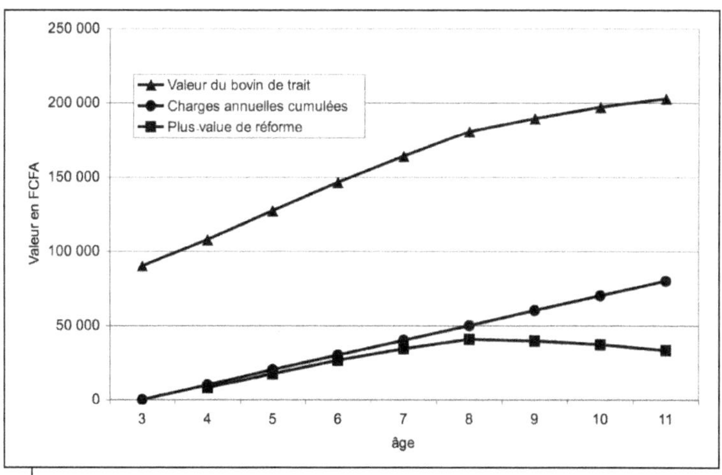

Figure 10.1.
Estimation de l'évolution des charges et de la valeur des bovins de trait au cours de leur carrière. * 1000 FCFA ≈ 1,5 €

L'introduction de la traction animale dans les exploitations agricoles constitue souvent un premier pas pour la diversification des activités vers l'élevage. L'accroissement de la productivité permis par la traction animale se traduit en général par une augmentation des revenus monétaires agricoles dont une partie peut être réinvestie dans l'élevage. Ainsi, dans les zones cotonnières, les exploitations d'agro-élevage, caractérisées à la fois par de grandes surfaces cultivées et la détention d'un noyau d'élevage, se développent. Cette évolution, génère localement la création d'emplois de « bouviers[3] » comme cela est le cas au Nord Cameroun, ou encore de bergers pour la garde et la conduite au pâturage de troupeaux villageois de bovins de trait (fréquent au Nord Cameroun) ou parfois de troupeaux individuels (cas des agro-éleveurs de l'Ouest du Burkina Faso).

▍ Les effets négatifs de la traction animale dans le domaine économique

L'introduction de la traction animale dans l'exploitation et l'augmentation des superficies cultivées qu'elle entraîne, occasionnent de nouvelles charges liées à la garde et à l'entretien des animaux de trait, et aux opérations d'entretien et de récolte ; ces tâches sont souvent assurées par les femmes et les enfants.

L'acquisition d'un attelage représente un investissement conséquent même pour un équipement initial sans matériel de semis et de transport (250 000 à 400 000 FCFA soit 380 à 609 €, pour une paire de bovins et les outils de bases) correspondant bien souvent au revenu monétaire annuel d'un ménage. Les producteurs contractent parfois un crédit pour réaliser leur investissement. Il y a donc un réel risque d'endettement des ménages en cas de suréquipement, de disparition accidentelle des animaux de trait (vol, mort), ou bien de mauvaise saison agricole. C'est la raison pour laquelle la phase d'équipement s'étale le plus souvent sur plusieurs années, durant lesquelles l'agriculteur achète les outils de base, un animal, puis l'autre, le cas échéant. Les crédits à l'équipement tendant à disparaître, les phases d'équipement réalisées sur fonds propres sont de plus en plus longues.

---

[3] Au Nord Cameroun, on appelle bouvier un ouvrier agricole vendant sa force de travail pour préparer et entretenir les terres d'un propriétaire d'attelage ; en contrepartie, ce dernier lui prête l'attelage pour qu'il travaille son lopin de terre.

La traction animale et les relations sociales

⏵ Les effets positifs de la traction animale sur les relations sociales

À l'échelle de la communauté villageoise, la traction animale a contribué au développement des relations d'échanges et de services autour de l'attelage. Selon une étude récente conduite sur 300 exploitations de l'Ouest du Burkina Faso : 31 % déclarent avoir acheté de la fumure organique chez des éleveurs, 53 % avoir effectué le pâturage sur pieds des résidus agricoles chez un tiers, 22 % louer un attelage (37 % pour les non équipés), 30 à 50 % des éleveurs gardent des animaux de trait d'agriculteurs dans leur troupeau, 80 à 90 % des éleveurs prodiguent des soins vétérinaires de base chez les nouveaux agro-éleveurs.

La location d'attelage (payante ou bien en contrat de bouvier) comme le confiage de l'attelage familial à un fils en contre-saison favorise l'émancipation des jeunes ménages en cours d'installation et non équipés. Ceci leur permet d'augmenter les surfaces cultivées (cas de la zone cotonnière) ou bien de pratiquer le transport hippomobile en saison sèche (cas du Sénégal) et par conséquent d'accroître leur revenu monétaire et de se constituer un capital sans avoir besoin de s'endetter trop lourdement dans l'acquisition d'un attelage.

Enfin, la mécanisation en traction animale, en augmentant la vitesse d'exécution des travaux, libère du temps (sarclages, transport du bois, de l'eau…) pour des activités sociales, associatives, culturelles…

⏵ Les effets négatifs de la traction animale sur les relations sociales

Dans les villages, les propriétaires d'attelage ont développé en priorité des stratégies extensives se traduisant par la colonisation de nouvelles terres sur des espaces agricoles disponibles. Ce phénomène s'est déroulé au détriment de ceux qui ne possédaient pas d'attelage et n'étaient pas en mesure d'augmenter significativement leur surface cultivée. L'émergence des classes de grands cultivateurs et d'agro-éleveurs contribue de fait au renforcement des inégalités entre exploitations, mais aussi à rendre les plus petits dépendants des attelages des grands, mieux équipés, par le biais des locations. Des données d'enquête récentes dans un village du Burkina Faso illustre ce phénomène (tableau 10.2).

Tableau 10.2. Proportion des terres mises en cultures selon le niveau d'équipement en bovins de trait dans le village de Koumbia (Burkina Faso).

Type d'exploitation	Proportion des exploitations	Proportion des terres cultivées du village
Sans animaux de trait	24 %	13 %
Avec 1 à 3 bovins de trait	51 %	43 %
Avec 4 à 8 bovins de trait	25 %	44 %

Il convient aussi de mentionner les conflits entre les propriétaires des champs et les détenteurs de troupeaux et d'animaux de trait qui ont tendance à augmenter en raison de l'accroissement du cheptel et de l'extension des cultures.

Les motifs des conflits concernent surtout les dégâts sur les cultures durant la saison des pluies (pénétration des troupeaux dans les champs) et l'installation de cultures sur des espaces dévolus à l'élevage (pistes à bétail, abords de points d'eau) et dans une moindre mesure l'utilisation des résidus de culture en saison sèche (pâturage sur pieds non autorisés par le propriétaire du champ).

La traction animale et la production de matière organique

Comme cela a déjà été évoqué ci-dessus (chapitre 2), la traction animale peut améliorer la durabilité des systèmes de production, notamment par sa contribution à une meilleure gestion de la matière organique.

La production de fumure organique et l'entretien de la fertilité des sols

La présence d'un cheptel de trait dans les exploitations agricoles constitue un atout indéniable pour une production améliorée de fumure organique en termes de quantité et de qualité. Un bovin de 250 kg correspondant à une unité de bétail tropical (UBT) produit environ 1 000 kg de matière sèche de fèces par an. Les déjections s'accumulent principalement sur les aires de repos nocturne des

troupeaux soit dans les abris, les étables et les parcs ; pendant la journée, les animaux étant le plus souvent au pâturage, leurs déjections sont alors dispersées dans la nature. Il est donc raisonnable d'estimer qu'il est possible de récupérer environ 500 kg/UBT/an de matière sèche de fèces en provenance des animaux de trait, ces derniers étant rarement soumis à la transhumance. Notons que la fumure animale produite par les équidés est moins appréciée des producteurs ; cela peut s'expliquer par la concentration en semences diverses qui n'ont pas toutes été digérées et tuées en l'absence de rumination. Nous nous concentrerons donc sur la valorisation de la fumure des bovins. Cette fumure animale accumulée sur les aires de repos entre ensuite dans trois principaux processus de production de fumure où elle sera mélangée dans des proportions variables à des résidus végétaux.

La fumure de parc

La production de fumure en parc à bovins de nuit peut se limiter à une accumulation des fèces, mélangées au sol, produisant la poudrette (photo 10.1) ; mais, elle peut être améliorée par un apport de résidus de culture.

Photo 10.1.
Transport de fumure animale type poudrette de parc, Burkina Faso (photo É. Vall).

Il s'agit alors du parcage amélioré (voir chapitre 6) ; l'objectif est d'enrichir la poudrette par un apport de résidus agricoles piétinés et broyés par les bovins au parc (photo 10.2). Le parc traditionnel est généralement clôturé avec du bois mort et des épineux, et installé sur une zone plate pour éviter l'accumulation ou le passage des eaux de pluie. Il est souhaitable de prévoir environ 5 m² par animal. Les résidus végétaux sont accumulés à proximité du parc en fin de saison sèche. Le parc est chargé progressivement en litière (couche de 30 à 40 cm environ). Une couche supplémentaire est apportée chaque fois que l'on constate que la couche précédente est totalement décomposée. Il faut ainsi prévoir environ quatre rechargements pour un cycle de production d'une année.

Avec cette technique, 5 bovins pendant 5 mois permettent de broyer et d'enrichir 4 t de tiges de sorgho et de produire environ 6 t de fumier, c'est-à-dire la dose conseillée pour 1 ha tous les 2 ans (Berger, 1996). Cette technique suppose de disposer d'un cheptel relativement important et elle concerne donc les détenteurs de troupeau ; elle permet d'obtenir d'assez grandes quantités de fumier. Mais la qualité de cette fumure est souvent dépréciée par une forte teneur en silice (sable).

Photo 10.2.
Parc de nuit,
Burkina Faso
(photo É. Vall).

La production de fumier

La production de fumier se fait en général à coté des abris de nuit et des étables des attelages. Ce fumier comporte une part variable de déjections animales (30 % et parfois davantage). Il concerne surtout les animaux en stabulation permanente ou semi-permanente (bœufs de trait, bœufs à l'embouche, vaches laitières ou animaux en bas âge). La biomasse végétale est mélangée aux fèces provenant des litières et aux refus des fourrages distribués aux animaux durant la saison sèche. Les fèces et résidus végétaux sont, dans un premier temps, piétinés par les animaux, puis, à chaque nettoyage, évacués sur des tas ou dans des fosses où le mélange poursuit sa maturation. Il est conseillé de construire cette fosse juxtaposée à l'étable, car lorsque la fosse est intégrée, l'étable n'est pas toujours praticable en hivernage à cause de l'humidité. La production de fumier se déroule durant une année, par accumulation ; la fosse est ensuite vidée (entre avril et juin) pour l'utilisation du fumier sur les parcelles cultivées. Le fumier produit durant la saison des pluies comprend assez peu de résidus végétaux et peu de graines d'adventices, mais celui produit en saison sèche contient une proportion plus importante de biomasse végétale (refus fourrager) et aussi de graines.

Le rendement de la maturation du fumier (rapport entre fumier mûr et matières premières déposées) est de l'ordre de 30 %. Ces normes permettent ainsi d'estimer la production de fumier d'une paire de bovin à environ 3 kg MS/j soit environ 1 t MS/an soit environ 2,5 t de fumier frais par paire de bovins et par an (fumier à 45 % MS). Mais dans la réalité la production est souvent inférieure car les apports de litières et résidus agricoles sont le plus souvent bien en deçà.

La production de compost

Le compost est une forme de fumure organique généralement produite en tas ou en fosse ; il peut incorporer ou non des déjections animales. En Afrique subsaharienne, contrairement au fumier qui suit une production continue durant l'année, les matières premières du compost (résidus végétaux, fumure animale, déchets domestiques, cendres…) sont déposées dans la fosse compostière lors du remplissage et s'en suit le processus de maturation jusqu'à la vidange. Le compost contient généralement moins de déjections animales que le fumier. On recommande souvent de constituer un mélange initial comportant une proportion de 20 % de déjections animales, pour avoir ainsi un rapport C/N voisin de 30, ce qui est favorable pour amorcer la phase de décomposition aérobie.

En Afrique subsaharienne, il parait judicieux de remplir la fosse en fin de saison sèche avec les résidus de la campagne précédente pour bénéficier des apports d'eau par les pluies, ce qui lance la décomposition dès l'hivernage. Le compost arrive ainsi à maturité à la fin de la saison sèche pour la prochaine campagne agricole. Le rendement est d'environ 20 à 25 % (rapport entre le compost mûr et la quantité de matière première).

Le compost est produit dans une fosse cimentée ou renforcée de parpaings dont les dimensions minimales sont : L 2,5 m x l 2,5 m x p 1,5 m.

Avant le remplissage de la fosse, il est préférable de tronçonner les tiges et pailles en morceaux d'environ 50 cm.

Le chargement de la compostière se fait en couches successives de résidus végétaux de 80 cm environ, intercalées avec un lit de 5 cm de fumier bien fermenté (ou un reste de compost). Le remplissage doit atteindre 1,5 à 2 m au dessus du niveau du sol, afin qu'après tassement le tas de compost soit à peu près au niveau du sol. Si le remplissage est fait en début de saison sèche alors il faut apporter de l'eau (prévoir environ 600 à 800 l d'eau par m^3 de matière à composter).

Au cours des trois premiers mois, il est important de retourner le tas de compost une ou deux fois pour aérer la biomasse et relancer les processus de décomposition aérobie. L'humidité du compost doit être suivie tout au long du cycle (lorsque l'on presse le compost, la main doit être mouillée mais l'eau ne doit pas s'écouler). En début de saison sèche, on peut refermer la fosse d'un bouchon de terre pour réduire les pertes en eau. Il est donc parfois utile d'effectuer un apport d'eau durant cette période.

Pour enrichir le compost il est possible d'effectuer un apport d'engrais, de type phosphate naturel, au moment du chargement.

Les facteurs limitant la production de fumure organique

Les facteurs limitant la production de fumier sont :
– l'effectif réduit des animaux de trait (parfois un seul âne ou une paire de bovins), ce qui réduit la production de déjections animales ;
– le manque d'équipement de transport pour la collecte des résidus végétaux (pailles, fanes) ; au Burkina Faso la quantité de fumure

organique produite est deux fois plus importante dans les exploitations équipées de charrettes ;

– l'insuffisance des infrastructures de types fosses fumières ou compostières dans les exploitations, qu'elles soient situées sur les lieux d'habitation ou dans les champs ; il s'en suit de fortes pertes de biomasse pouvant être valorisée en fumure organique. Au Burkina Faso la quantité de fumure organique produite est 1,8 fois plus importante dans les exploitations équipées de fosses ;

– les pénuries de matière organique d'origine végétale en raison de leurs utilisations multiples (énergie pour la cuisine, cendres, palissades pour les habitations, vente à l'extérieur, alimentation et litières des animaux), en particulier dans les zones semi-arides (figure 10.2) ;

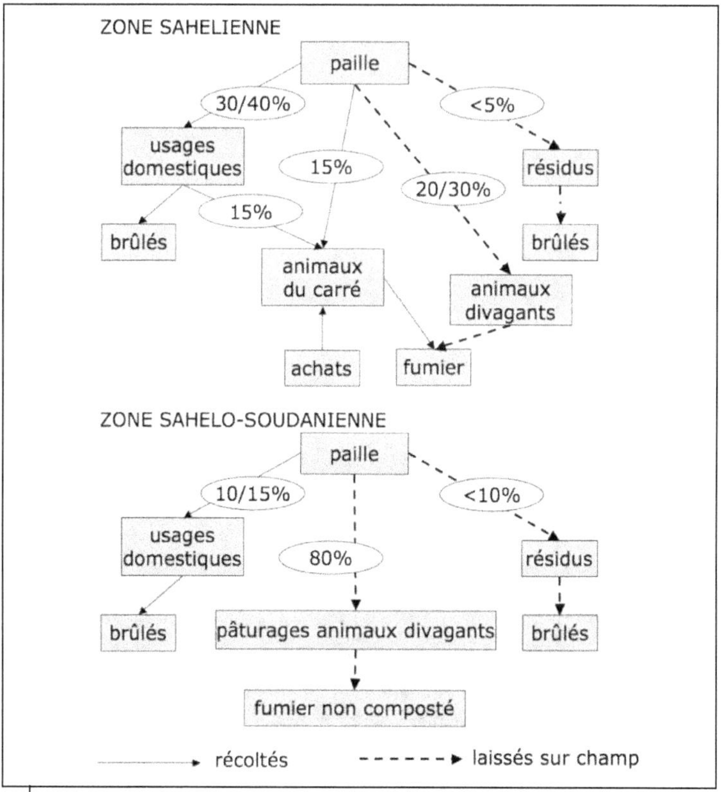

Figure 10.2.
Utilisation des résidus agricoles selon les zones agro-écologiques.

– et aussi, l'absence des animaux une partie de l'année ; certains producteurs confient leur attelage à des éleveurs durant la saison sèche, ce qui limite la collecte de fumure animale.

L'épandage de la fumure organique dans les champs

En Afrique subsaharienne, les épandages sont effectués de préférence en fin de saison sèche juste avant le labour (photo 10.3). Pour faciliter l'apport au champ, le fumier est d'abord déversé en tas, dispersé à la main puis enfoui lors du labour. Dans les zones sahéliennes, les apports sont parfois localisés en poquets dans des demi-lunes (technique du *zaï* au Burkina Faso) pour optimiser son utilisation. En zone cotonnière, le labour doit être assez profond pour mélanger la matière organique à un volume de sol suffisant. Un travail trop léger localise superficiellement le fumier : la culture s'enracine alors dans les premiers centimètres du sol et devient vulnérable en période de sécheresse.

Photo 10.3.
Épandage du fumier sur les parcelles,
avant travail du sol, Burkina Faso
(photo É. Vall).

En zone cotonnière, il est généralement recommandé d'apporter 2,5 t MS de fumier par hectare et par an, ou bien 5 t MS/ha tous les deux ans. Mais cette norme est rarement suivie par les producteurs. Contrairement aux engrais minéraux appliqués uniformément sur la culture et le champ, les apports de fumure organique visent plutôt à relever ou à corriger un défaut de fertilité constaté sur une partie du champ. Ainsi, les apports sont le plus souvent localisés et fortement concentrés. Dans le Sud du Mali par exemple, les doses incorporées sur les parties du champ jugées peu fertiles peuvent parfois atteindre localement 10 à 15 t MS/ha.

Le parcage des troupeaux sur les parcelles situées autour du lieu d'habitation conduit aussi souvent à des apports conséquents de fumure (2,5 à 5 t MS/ha/an). C'est le cas chez les Peuls qui disposent souvent de petites parcelles (3 à 5 ha) disposées autour du campement et d'un cheptel important (40 à 100 bovins), présents sur place de la fin des récoltes au prochain hivernage (120 à 150 jours).

Autres effets positifs pour améliorer le bilan organique des exploitations

Les autres voies d'amélioration du bilan organique dans les exploitations utilisant la traction animale sont l'enfouissement de la végétation des jachères ou engrais vert, la collecte ou enfouissement des sous-produits agricoles, l'amélioration de la production fourragère.

L'enfouissement des résidus agricoles

Selon les années climatiques, la biomasse aérienne sur pieds à la récolte (fanes, pailles, tiges) varie de 1 à 3 t MS/ha en zone sahélienne et de 2 à 4 t MS/ha en zone soudanienne. Si les fanes de légumineuses (niébé, arachide) sont l'objet d'un ramassage minutieux et quasi-total en zone semi-aride, les pailles de céréales (mil, sorgho, maïs) ne sont récoltées que partiellement (20 à 80 % selon les localités et le type d'exploitation). Après le ramassage, les résidus sont pâturés sur pieds par les troupeaux en « vaine pâture ». Après le passage des troupeaux, il reste en fin de saison sèche un reliquat représentant environ 10 % de la biomasse initiale (davantage pour les tiges de cotonnier : 50 à 80 % qui seront brûlés). Ce reliquat est enfoui dans le sol par les labours, ce qui contribue à améliorer le bilan organique des sols (photo 10.4).

Photo 10.4.
Labour d'enfouissement d'une couverture végétale, Sénégal (photo J. Scherrer).

L'amélioration de l'utilisation des pailles

On peut améliorer les conditions d'utilisation et de transformation des pailles :

– par l'aménagement d'enclos de type « parc amélioré » (décrit au chapitre 6, p. 90-91), dans la concession, pour y épandre les pailles et y réunir les animaux de l'exploitation (bovins, chevaux, ovins, caprins…) ;
– par l'aménagement de claies surélevées à proximité des habitations pour stocker pailles et foins ou par la confection de meules protégées d'épineux, ce qui permettra d'utiliser progressivement cette ressource ;
– par le traitement de ces pailles (urée, sel…) pour en améliorer la valeur nutritive et l'appétence ;
– par une distribution rationnelle des pailles de céréales et de légumineuses, avec une réserve pour la période de soudure avant la campagne agricole.

L'amélioration de la production fourragère

La production des ressources fourragères peut être améliorée :
– par l'introduction ou l'extension des cultures associant des céréales et des légumineuses telles que le niébé *(Vigna unguiculata)*, le pois

d'Angole *(Cajanus cajan)*, la dolique *(Lablab purpureus)*, le mucuna *(Mucuna rajada)* si la pluviosité est supérieure à 450 mm ;
– par l'insertion d'une sole fourragère dans l'assolement ;
– par des incitations à apporter de la matière organique (fumure animale, compost) et des engrais minéraux ;
– parfois, par un rééquilibrage de l'assolement : les céréales (mil, sorgho) sont les cultures qui produisent le plus de biomasse.

La gestion des risques liés à la traction animale

La traction animale, souvent taxée de provoquer la dégradation de l'environnement, peut aussi devenir un outil de lutte contre la dégradation et de régénération du milieu naturel... Dans cette partie, les risques de dégradation provoqués ou potentialisés par la présence des animaux de trait vont être examinés ainsi que les mesures à prendre pour les atténuer.

Le risque d'érosion des sols

Généralités

Physiquement, l'érosion hydrique ou éolienne des sols résulte du détachement des particules de sol en surface et de leur mobilisation par l'eau et le vent. L'érosion est conditionnée par l'équilibre entre :
– des facteurs agressifs (combinaison pente/gravité, énergie cinétique des eaux de surfaces et des particules emportées par le vent) ;
– des facteurs de résistance dus :
  • aux caractéristiques mécaniques des matériaux (cohésion dépendant de la texture, de la structure, de l'état hydrique et du chevelu racinaire, et stabilité structurale dépendant de la matière organique et du pH) ;
  • à l'état de surface (existence de couches protectrices en couvert végétal ou en mulch, rugosité).

La mécanisation de la préparation des sols influe notamment sur :
– l'énergie de l'eau de surface en modifiant le ratio ruissellement/infiltration ;
– la vitesse du vent au contact du sol en créant une microtopographie ;

– la cohésion du sol, en modifiant sa structure, sa teneur en eau, sa compacité, l'intégrité du réseau racinaire ;
– la stabilité du sol, par la possibilité d'incorporer de la matière organique et des amendements.

La variabilité des risques selon les outils

L'équilibre entre les facteurs « agressifs » et « défensifs » dépend donc, pour un site donné, de l'interaction entre les itinéraires techniques appliqués et le climat. L'érosion hydrique est particulièrement visible lorsque l'écoulement se concentre dans des rigoles et des ravines. L'érosion éolienne apparaît davantage lorsque le sol est dénudé et sec. Les risques d'érosion sont différents selon les outils.

Les charrues. Avec les charrues à soc, il y a découpage puis retournement d'une bande de terre. L'état du sol et ses propriétés mécaniques jouent un rôle primordial dans le résultat obtenu. En conditions normales, on peut réaliser des enfouissements bien localisés, obtenir une macroporosité et une rugosité importante. Ainsi on peut augmenter l'infiltration, diminuer le ruissellement et augmenter les capacités de stockage dans l'horizon travaillé au prix d'une perte de cohésion importante. La discontinuité inévitable ainsi créée avec l'horizon sous-jacent contribue sous certaines conditions climatiques (fortes pluies) à favoriser une érosion en nappes.

Les cultivateurs. Le soc du cultivateur fait éclater la terre, réalise un retournement incomplet et donc peu d'enfouissement. Cet outil peut être utilisé en remplacement de la charrue pour un pseudo-labour. L'avantage essentiel des cultivateurs est de conserver une certaine rugosité du sol, de ne pas créer une semelle de travail ; la structure obtenue favorisant l'infiltration.

Les décompacteurs. Les décompacteurs, les sous-soleurs, et les coutriers sont utilisés sur sols secs. La pièce travaillante (une dent) agit à la façon d'un coin en profondeur et provoque la formation de grosses mottes et la naissance de fissures dans une zone de section triangulaire, dont la profondeur est égale à celle de la pénétration de l'outil dans le sol (10 à 20 cm). Ce type d'outil crée de la rugosité de surface et augmente l'infiltration, tout en conservant une certaine cohésion à l'horizon de surface. Il n'y a pas de séparation nette entre l'horizon travaillé et l'horizon sous-jacent donc peu de risque d'érosion en nappes.

Les herses. On utilise les herses pour augmenter l'émiettement du sol et pour égaliser le micro-relief créé par les outils précédents. Leur

action se combine souvent à un effet de triage non négligeable, qui provoque la localisation des mottes en surface ou du moins diminue la quantité de terre fine au niveau de la surface en l'incorporant à la première couche du sol. Ce tri de la terre fine et des mottes provoque en général une diminution de la porosité globale par un réaménagement des différentes fractions de la structure. Les herses diminuent un peu la vitesse d'infiltration, mais laissent une rugosité capable de diminuer les risques d'érosion.

Les butteurs. Le corps butteur, en édifiant des buttes longitudinales le long des poquets et lignes de culture, favorise le ruissellement et l'érosion hydrique dans l'inter-billon. Cet outil réduit les risques d'inondations des cultures au prix d'une augmentation du risque d'érosion hydrique.

Les souleveuses. Les souleveuses d'arachides provoquent un travail du sol qui améliore la conservation de l'humidité du sol. Au Sénégal, elles permettent de retarder les labours de fin de cycle de plusieurs mois. Elles empêchent ou retardent la prise en masse du début de saison sèche. Mais, par contre, elles favorisent aussi l'émiettement de surface sur les sols sableux qui deviennent plus sensibles à l'érosion éolienne en saison sèche et à l'agressivité des premières pluies.

La traction animale et la protection des sols

Choisir un outil dans un souci constant de protection des sols n'est pas une chose facile. Si, dans certains cas d'emploi inconsidéré, la traction animale risque d'accentuer les phénomènes d'érosion, elle peut aussi contribuer à leur réduction si l'on applique des techniques appropriées telles que :

– la réalisation d'aménagements antiérosifs,
– la culture attelée conservatoire,
– les techniques de profilage des terrains.

Les aménagements anti-érosifs

La traction animale peut ainsi faciliter la réalisation d'aménagements anti-érosifs à la parcelle comme les diguettes et les fosses de diversion, la mise en place de cordons pierreux perméables et de haies vives et les bandes enherbées, techniques qui requièrent souvent le transport de matériaux facilité par l'usage des charrettes.

La culture attelée conservatoire

Les techniques de culture attelée conservatoire permettent d'assurer la production agricole tout en conservant le patrimoine sol : il s'agit de différentes techniques de travail du sol et du semis sur couverture végétale (SCV, voir ci-dessous)…

Les labours réalisés en suivant les courbes de niveau (dits isohypses) en ramenant la terre vers le haut de la parcelle, créent des sillons perpendiculaires à la ligne de plus grande pente et très proches les uns des autres, constituant autant de petites retenues d'eau. Employée seule, cette technique est en général efficace sur des pentes inférieures à 3 %. Au-delà, elle doit être associée à d'autres aménagements comme l'édification de terrasses. Le labour isohypse consiste à réaliser de petits ados parallèles. Les dimensions sont variables (0,8 à 1,5 m entre deux lignes de crêtes et une hauteur de 15 à 40 cm en fonction de l'intensité des fortes pluies. Souvent le maintien d'une certaine pente est souhaitable.

Le labour partiel consiste à labourer en sillons séparés mais toujours en suivant les courbes de niveau. La partie travaillée correspond à une ligne de semis. Le labour partiel est souvent réalisé par un aller retour à la charrue. On obtient ainsi des bandes travaillées de 40 cm de large environ.

Le travail à la dent en sec. Les passages de dents doivent être réalisés en courbes de niveau pour permettre une meilleure infiltration des eaux de pluies. On obtient un relief de surface motteux qui limite le ruissellement, mais cette rugosité de surface aura tendance à disparaître rapidement sous l'action conjuguée du dessèchement et de la chaleur, alternée avec des pluies violentes. Il peut être nécessaire de recommencer ce travail si les pluies utiles permettant le semis tardent à s'installer. Cette technique est simple, mais ses effets sont limités par les contraintes intrinsèques de réalisation : profondeur de travail et effort de traction. Seul le coutrier permet un travail que l'on peut qualifier de profond. Nous avons déjà évoqué cette technique, appelée *zaï* mécanisé au Burkina Faso. Dans cette pratique, le semis se fait avec apport d'éléments fertilisants dans la ligne de travail.

Les SCV ou semis sur couverture végétale (morte ou vive) permettent d'éviter les travaux de labour et d'entretien mécanique des cultures. Ce sont des systèmes complexes à maîtriser mais qui permettent une gestion durable des sols grâce à la couverture permanente du sol (maintien de la matière organique, limitation de l'évaporation,

contrôle des adventices…) et qui, de plus, permettent de maintenir, voir d'augmenter la fertilité du sol et donc les rendements.

Pour les SCV, la traction animale peut intervenir pour rabattre et écraser la végétation avant le semis avec un rouleau, appelé « Faca » (figure 10.3). Ce rouleau est composé d'un rouleau en bois ou en fer que l'on remplit avec de l'eau ou du sable et sur lequel sont fixées six ou huit lames métalliques affûtées du côté extérieur. On le passe sur la végétation pour l'écraser plus que la couper. La période d'intervention est importante car il y a risques de repousses. Dans ce dernier cas, il faudra épandre un herbicide pour « tuer » la végétation.

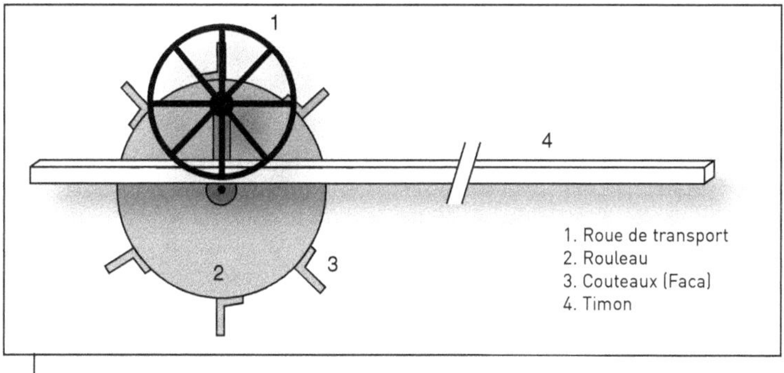

Figure 10.3.
Rouleau Faca.

La traction animale peut aussi être utilisée pour un léger travail du sol à la dent à travers la couverture, pour le semis et pour l'application d'engrais à l'aide d'équipements spécifiques (figures 10.4 et 10.5).

Ces équipements sont utilisés au Brésil, et certains sont expérimentés en Afrique subsaharienne. Ils combinent un outil à dent sur lequel ont été montés un semoir et un fertiliseur. Deux modèles différents existent, le modèle avec roue d'entraînement à l'arrière (figure 10.4) et celui avec roue d'entraînement à l'avant (figure 10.5).

Sur le type de semoir avec roue d'entraînement à l'avant, la transmission du mouvement (de l'avant vers l'arrière) aux distributeurs de semences et d'engrais s'effectue par l'intermédiaire de chaînes et pignons placés à l'intérieur du châssis.

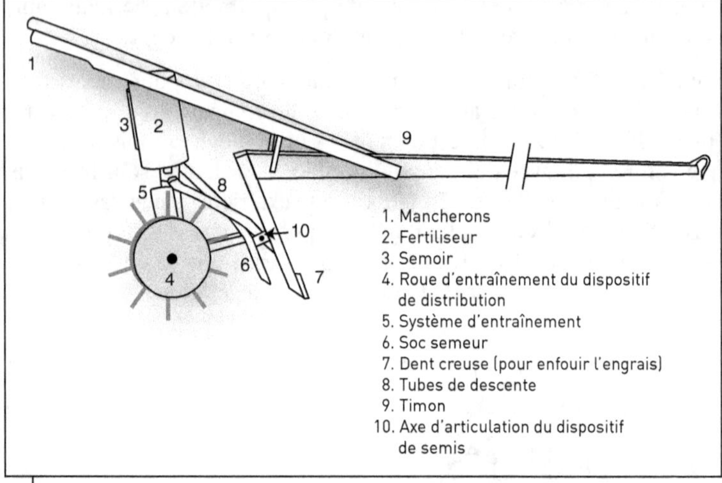

Figure 10.4.
Semoir de semis direct avec roue d'entraînement à l'arrière.

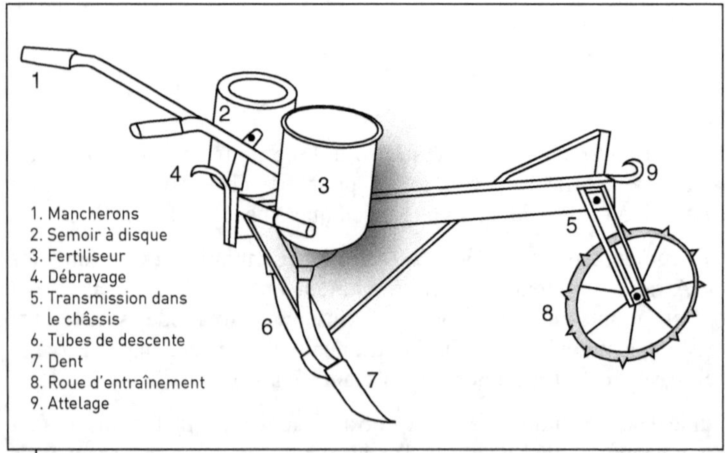

Figure 10.5.
Semoir de semis direct avec roue d'entraînement à l'avant.

Les techniques de profilage des terrains

Les techniques de profilage du terrain sont généralement utilisées dans les zones à pluviométrie irrégulière, autant pour protéger le sol contre l'érosion que pour optimiser les ressources en eau. Elles sont le plus souvent utilisées de façon complémentaire : impluvium et culture « au trou » ou « *zaï* », terrasses inclinées et billons…

Les banquettes horizontales. Après l'établissement de courbes de niveau, on peut réaliser des banquettes ou des terrasses en labourant vers le bas de la pente pendant deux ou trois années successives ; on obtient un profil horizontal, voire légèrement en contre pente. La largeur des banquettes doit être déterminée par une étude préalable pour que l'inversion de pente soit assez rapide (2 ou 3 ans maximum). Cette technique ne peut être appliquée que sur des pentes faibles.

Les banquettes asymétriques. Après un labour à plat, le sol ameubli est profilé de façon à réaliser des billons cultivés séparés par des planches tassées et inclinées vers le billon de part et d'autre (largeur du billon central : 75 cm). Le travail peut être fait manuellement ou à l'aide d'outils adaptables sur les polyculteurs en associant un billonneur et deux lames niveleuses.

Les billons cloisonnés. Dans la technique des billons cloisonnés, les sillons sont cloisonnés tous les 3 ou 4 m. Ces cloisons, en stoppant la circulation de l'eau dans les sillons, favorisent l'infiltration. Cette technique est d'autant plus efficace que le tracé des billons suit les courbes de niveau. Dans le cas contraire, elle favorise l'accumulation de gros volumes d'eau en certains points et peut avoir un effet négatif opposé à ce qu'on recherche en emportant les billons… Traditionnellement, ce cloisonnement se faisait par des mottes de terre ou de petites levées réalisées manuellement. Il existe des billonneuses cloisonneuses à traction animale constituées de quatre palettes pouvant tourner autour d'un axe perpendiculaire à l'avancement. Le déverrouillage des palettes est commandé par l'opérateur qui choisit ainsi la position des cloisons.

Le *zaï* ou culture au trou. Le *zaï* consiste à travailler et à fertiliser une petite portion de sol réservé à l'implantation de la culture. Au Burkina Faso, le système *zaï* consiste à piocher le sol sec pour réaliser des cuvettes de 40 à 80 cm de diamètre disposées en quinconce tous les mètres. On dépose dans ces cuvettes la graine et une petite quantité de fumure animale. Cette opération peut être mécanisée (*zaï* mécanisé) par le passage croisé d'une dent ou coutrier, les semis et l'application de fumure organique étant effectués à chaque intersection.

L'impluvium est un espace où le ruissellement est favorisé et dont la structure doit résister à l'érosion. Cette structure est destinée à collecter des eaux de pluies et à la diriger vers une zone d'infiltration et de stockage en vue de son utilisation par les cultures. En Éthiopie, des petites pelles mécaniques tractées par des attelages sont parfois utilisées pour creuser de grands impluviums.

▌ La gestion des ressources agro-sylvo-pastorales

Dans les zones de savane, l'accroissement de la population a conduit à une forte extension des cultures et du cheptel, notamment de trait. La pression d'origine anthropique sur les ressources agro-sylvo-pastorales s'est considérablement accrue, qu'elle soit agricole ou pastorale, et l'adoption de la traction animale n'a fait que la renforcer.

Dans ces territoires agropastoraux d'Afrique subsaharienne, on assiste donc à une forte compétition sur l'espace entre l'utilisation agricole et les besoins de ressources pastorales des troupeaux. Même lorsque l'utilisation des espaces est bien gérée par les populations, les ressources sont donc fortement sollicitées, la pratique de la jachère n'est plus possible.

Le développement de la traction animale, en augmentant la productivité du travail a fortement contribué à cette dynamique. Les conséquences se manifestent par divers types de dégradations des pâturages (embroussaillement et disparition des bonnes plantes fourragères), érosion et baisse de fertilité des sols, déforestation.

Les mesures à prendre requièrent le plus souvent une action collective pour édifier de nouvelles règles de gestion des zones de cultures, des pâturages, des forêts et des cours d'eau, comme, par exemple, l'élaboration de chartes et de conventions locales villageoises, communales ou intercommunales. Sur le plan individuel, des actions sont également possibles pour réduire l'érosion, maintenir la matière organique dans les sols, augmenter la production de biomasse à l'hectare, reboiser, préserver les berges des cours d'eau (voir p. 183).

Le risque de déboisement

Pour faciliter la manœuvre des attelages dans les champs, les paysans abattent les essences sans valeur commerciale immédiate. Cette

pratique se traduit par un éclaircissement du couvert arboré dans les champs et en zones de savanes par un paysage dominé par trois espèces d'arbres utiles : karité, néré, faidherbia. La forte extension de l'agriculture est la cause principale de ce phénomène, car le défrichement et le déboisement sont de toute façon nécessaires quel que soit le mode de travail utilisé par la suite (manuel, attelé ou motorisé). La traction animale ne fait que le renforcer. À terme, on constate une réduction de la biodiversité des ligneux dans les zones de cultures. De plus, la disparition des arbres affecte négativement le recyclage des éléments fertilisants situés dans les profondeurs du sol. Face à ce problème, les mesures à prendre concernent les reboisements individuels et collectifs et sur le plan communautaire l'établissement de règles pour la préservation de la diversité des espèces et des densités d'arbres à l'hectare.

Le risque de dégradation des berges et d'ensablement des cours d'eau

Aujourd'hui dans les territoires villageois, les meilleures terres agricoles sont pratiquement toutes distribuées et exploitées. Les nouveaux arrivants (jeunes, migrants) sont contraints de défricher des terres qui autrefois étaient mises en réserve comme par exemple les zones situées le long des berges des cours d'eau. Il est très fréquent de rencontrer des champs bordant les cours d'eau ce qui réduit considérablement le réseau de cordons ripicoles et provoque des phénomènes d'ensablement des cours d'eau. Ici encore, la traction animale n'est pas directement en cause mais les détenteurs d'attelages sont bien souvent tentés d'étendre leurs champs partout où cela est encore envisageable. À terme, la conséquence la plus grave de ce phénomène est la quasi disparition de cours d'eau temporaires ce qui pose des problèmes pour certaines activités agricoles de contre-saison et pour l'abreuvement du bétail. Comme précédemment, les mesures à prendre sont de nature collective et ont trait à l'établissement de règles concernant les distances de mise en cultures des lits des cours d'eau à respecter.

Le risque de disparition des zones de parcours

La recherche d'espaces encore disponibles pour l'agriculture est la cause du grignotage des zones de parcours. Mais cette fois l'extension des champs se produit vers le haut de la toposéquence sur des espaces traditionnellement réservés à l'élevage. Ce phénomène se caractérise par l'apparition de cultures sur les pentes des collines, généralement pratiquées par des agriculteurs migrants souvent assez pauvres. Ce phénomène, parfois soutenu par la traction animale, se traduit par la régression des zones de pâturage de collines particulièrement importantes durant la saison des pluies ; il affecte donc surtout l'élevage de grands troupeaux mais aussi les animaux de trait qui se retrouvent ainsi confinés dans les interstices entre les champs pour pâturer. Les mesures à prendre concernent principalement la préservation des zones de pâturages situées sur les collines pour le pâturage d'hivernage.

Le risque de disparition des espèces taurines traditionnelles

Enfin, dans la zone soudanienne de l'Afrique de l'Ouest et du Centre, les agriculteurs élevaient traditionnellement des races taurines de petit gabarit mais tolérantes à la trypanosomose (Namshi, N'dama, Baoulé). Mais aujourd'hui, les trypanosomoses les plus dangereuses ayant régressé, ils préfèrent atteler des zébus plus puissants et plus calmes que les taurins. Dans toute cette zone, on a assisté au développement d'un modèle de traction animale dominant basé sur l'attelage de la paire de zébus. Dans les troupeaux de rente, les taurins sont aussi largement métissés ou remplacés (par croisement d'absorption) par les zébus. La sauvegarde des races taurines nécessiterait donc la mise en place de mesures conservatoires.

Conclusion

Sur l'économie des ménages, l'impact de la traction animale est globalement positif car il se manifeste par une augmentation des revenus monétaires et de plus grandes capacités d'épargne. En augmentant la productivité du travail et de la terre, la traction animale contribue à satisfaire la demande en produits agricoles des populations locales.

Sur le plan social, elle s'avère être un facteur d'intégration via le développement des échanges de services (location, fumure, soins, gardes…) mais les risques d'exclusion existent entre ceux qui possèdent un attelage et les autres, plus modestes. Les agriculteurs qui l'adoptent comprennent mieux les problèmes des détenteurs de troupeaux concernant l'utilisation pastorale des espaces ce qui contribue à atténuer les tensions et conflits entre agriculteurs et éleveurs.

Quant à la gestion des ressources naturelles, les producteurs étant souvent dans des logiques d'extensification et des stratégies minières permises par l'accroissement d'énergie apporté par l'attelage, on peut considérer que la traction animale est plutôt un facteur de risque ; en revanche, l'attelage participe fortement à la production et aux transferts de fumure organique. Mais aujourd'hui, les producteurs sont de plus en plus conscients de la limite de ces stratégies extensives, et, grâce à la politique de décentralisation, des formes d'organisation collectives voient le jour pour établir de nouvelles règles locales d'utilisation durable des ressources agro-sylvo-pastorales dans un contexte de pression anthropique croissante.

11. L'évolution de l'environnement socio-technique de la traction animale en Afrique subsaharienne

Introduction

En Afrique subsaharienne, le développement administré des cultures industrielles (coton et arachide) fût lancé dans l'immédiat après-guerre notamment pour satisfaire les demandes d'importation des pays du Nord (huileries et filatures). À cette époque, dans les zones de savanes d'Afrique de l'Ouest et du Centre, l'agriculture et l'élevage étaient généralement deux activités conduites par des populations distinctes sur des espaces plus ou moins séparés. Les paysans ne possédaient pas ou peu de bétail, les éleveurs s'adonnaient peu à l'agriculture. Le portage était la seule forme de valorisation de l'énergie animale. La modernisation de l'agriculture de ces zones devait faciliter une extension rapide des cultures industrielles. Le schéma de développement appliqué à l'agriculture française de l'époque, le « progrès par la mécanisation/ motorisation », y fût transposé. La traction animale fut proposée en raison de la présence d'un cheptel bovin important mais aussi de son caractère peu sophistiqué et économique.

Bien que la technique fût introduite dès le début du XXe siècle (le semoir Super-Éco d'Ulysse Fabre a été introduit au Sénégal dans les années 1920), c'est dans les années 1960, sous la houlette des agronomes que la traction animale allait contribuer à une transformation profonde des systèmes de production de ces zones de savanes qui s'engageaient dans la production du coton et de l'arachide. Les travaux de la recherche agricole sur la traction animale ont porté sur les outils (plus de 80 ont été testés au Sénégal, 25 ont été proposés à la vulgarisation et une dizaine ont eu une diffusion significative), les attelages, l'association agriculture-élevage, et la mise au point de modèles de systèmes de culture et de production intensifs permettant de mieux valoriser le potentiel productif des sols cultivés. Il était nécessaire de faire évoluer les techniques traditionnelles et désengorger les calendriers agricoles en introduisant une source d'énergie agricole supplémentaire, l'attelage, pour augmenter la productivité du travail et permettre l'introduction d'une culture industrielle à côté de la culture vivrière. Pour rendre plus effective la maîtrise des adventices, réduire la pénibilité des opérations culturales et augmenter la vitesse d'exécution du travail, améliorer l'enfouissement de la matière organique et ainsi contribuer à l'augmentation de la production et des rendements, il fallait proposer aux producteurs un panel de charrues, d'outils de désherbage, de semoirs, de chars et de charrettes.

1950-1960 : L'introduction volontariste de la traction animale dans un environnement de services publics intégrés

Dans les années 1950 et 1960, recherche et développement étaient fortement associés pour promouvoir la traction animale. Son caractère exogène avait nécessité la mise en place de services intégrés comportant diverses mesures incitatives pour stimuler l'intérêt des producteurs pour cette nouvelle technique (figure 11.1).

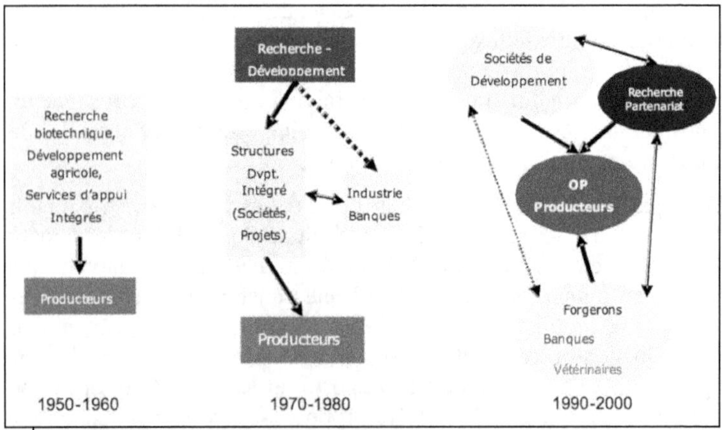

Figure 11.1.
Évolution de l'environnement socio-technique de la traction animale de 1950 à nos jours.

L'édification d'un environnement de services publics incitatifs

Les sociétés de développement et les projets chargés d'administrer le développement des cultures industrielles mirent en place sur des fonds publics des systèmes intégrés : de crédits pour les matériels et les animaux, de fourniture d'animaux parfois dressés, d'offre de matériels, de vulgarisation et enfin d'assistance vétérinaire et zootechnique. Dans bien des endroits, la technique fût imposée aux producteurs avec l'ensemble du paquet technique de la culture industrielle.

L'âge d'or de la recherche en mécanisation à traction animale

Durant cette première période, les agronomes ont développé des recherches techniques sur les outils, les attelages et les harnachements, la mécanisation des itinéraires techniques, la production de fumier dans les étables, l'affouragement des animaux de trait. Tous ces travaux étaient directement commandés par les sociétés et les projets de développement des cultures industrielles. Les recherches étaient le plus souvent conduites dans des stations. Les conditions d'adoption ou de non-adoption de ces innovations n'étaient pas réellement appréhendées. Les manuels de traction animale produits à l'époque reflètent parfaitement ce foisonnement d'imagination technique (Cirad, 1988).

Un début d'adoption timide

Durant cette première décennie, l'adoption de la technique, variable selon les pays, fût assez lente et irrégulière (figure 11.2). Elle suivait l'essor des cultures industrielles, alternant entre des phases d'essor et de recul qui étaient liées aux conditions proposées par les services d'appui à la traction animale (crédits animaux ou pas, taux d'intérêts incitatifs ou pas...), aux conditions climatiques (recul des cultures industrielles et de la traction animale après les années de sécheresse), aux problèmes de maîtrise de la santé des animaux...

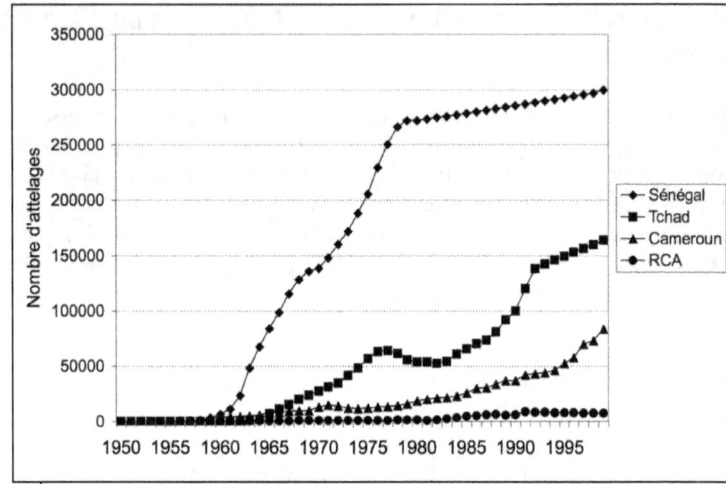

Figure 11.2.
Évolution du nombre d'attelages dans le bassin arachidier du Sénégal, au Sud du Tchad,
au Nord du Cameroun et en République centrafricaine de 1950 à nos jours.

1970-1980 : Le recentrage de la traction animale sur deux modèles techniques et début du désengagement de l'État des services d'appui

▶ Le recul de la recherche biotechnique, essor de la recherche développement

À la fin des années 1960, malgré l'important effort de recherche et la
mise en place d'un système de services intégrés, plusieurs innovations
proposées étaient toujours peu ou pas adoptées par les producteurs :
cultures fourragères, production de fumier, attelage des femelles.…
La recherche « biotechnique » ayant montré ses limites, cette période
s'ouvrit sur la recherche-développement qui analysait les déterminants,
les modalités et les effets de la traction animale sur les systèmes de
production.

Cette nouvelle approche a permis de montrer que l'adoption de la traction animale avait augmenté la productivité du travail sur les exploitations, donc les superficies cultivées et les revenus des exploitations quand des terres étaient disponibles. Les surplus étant investis, le plus souvent, dans l'élevage (petits ruminants, animaux de trait, bovins d'élevage), des systèmes agropastoraux se sont progressivement développés. Aussi, le peu d'engouement des producteurs pour certaines techniques était mieux compris :

– la sécurisation foncière insuffisante, le sous-développement des équipements de transport, la prédominance de la jachère dans les zones peu peuplées et la vaine pâture ont été identifiés comme les principaux freins au développement des synergies entre l'agriculture et l'élevage, et donc comme des causes d'échecs des cultures fourragères et des étables fumières ;
– une conception inadaptée du crédit chez les paysans a mis en difficulté le financement de la traction animale.

⬗ Le repli sur deux modèles techniques dominants : traction légère et traction lourde

Face à ces difficultés, le développement se recentra sur deux modèles techniques qui se sont largement imposés, avec des variantes ici ou là :
– la traction « légère », en général basée sur un âne attelé à une chaîne d'outil légère (houe, charrette, parfois une petite charrue) ; elle fut privilégiée pour les plus pauvres et pour les zones semi-arides où la rapidité d'intervention pour les semis et les désherbages ainsi que des travaux du sol superficiels sont nécessaires ; le bassin arachidier du Sénégal fait figure d'exception avec le cheval et le semoir ;
– la traction « lourde », basée sur la paire de zébus attelée à une chaîne d'outils comprenant une charrue, des outils de sarclage et de buttage et le char à bœufs ; elle fût préconisée dans les zones sub-humides où une puissance de traction plus élevée était requise pour intervenir efficacement dans les travaux du sol (labour à la charrue), de sarclage et de buttage ; elle s'adressait aussi à des producteurs plus nantis.

Durant cette période, certains services furent délégués à des entreprises extérieures aux sociétés de développement (crédits agricoles, agro-équipements industriels), mais conservaient des liens très forts avec ces dernières (figure 11.1).

▌La diffusion soutenue de la traction animale

Cette période se caractérisa par une diffusion soutenue de la traction animale en Afrique subsaharienne… Entre le début des années 1970 et la fin des années 1980, le nombre d'attelages fut multiplié par 2 dans le bassin arachidier du Sénégal, par 3 au Nord Cameroun et par 4 dans le Sud du Tchad (figure 11.2). Au Sénégal, à la fin du « Programme Agricole », en 1980, plus de 90 % des ménages ruraux du bassin arachidier possédaient un attelage et ce taux s'est maintenu jusqu'à nos jours. Au Tchad, la relance des crédits à l'équipement dès 1986 a relancé le rythme de l'équipement suite au repli durant les guerres de la fin des années 1970.

1990-2000 : La diversification de la technique dans un environnement socio-technique en recomposition

▌La recomposition des services d'appui à la traction animale

Depuis les années 1990, le mouvement de libéralisation de l'économie touche l'ensemble des pays de l'Afrique de l'Ouest et du Centre. De nombreux États se sont désengagés des filières agro-industrielles et les grands projets de développement de la traction animale ont progressivement disparu. En conséquence, les services d'appui publics à la traction animale ont vu leurs moyens fortement réduits, et nombre d'entre eux ont dû progressivement se privatiser et s'insérer dans une logique de viabilité économique. De nouvelles difficultés se sont dressées devant les paysans, en premier lieu, le financement de l'équipement, surtout chez les jeunes, mais aussi pour l'entretien des outils et le suivi vétérinaire et zootechnique des attelages.

De façon soudaine, les prestataires de services, sortis des structures intégrées, se sont retrouvés face à de nouveaux défis pour reconstruire un système privé, adapté aux besoins prioritaires des producteurs. Sur le plan technique, il s'agissait dès lors d'adapter la technique (simplification des équipements, extension des attelages légers…).

Les services portés par un marché (forgerons, vendeurs d'animaux…) se sont bien adaptés et semblent avoir atteint une autonomie technique et financière suffisante. Aujourd'hui, dans de nombreux pays, les artisans forgerons couvrent l'essentiel de la demande d'agro-équipements et de pièces de rechange. Ils proposent aussi des évolutions des outils industriels d'origine (élimination des accessoires, utilisation d'une matière d'œuvre recyclée plus économique...). Quand aux industries d'agro-équipements, elles se sont restructurées ou bien ont cessé leur activité. En revanche, les services financiers, les services vétérinaires et l'appui/conseil ont beaucoup de difficultés à répondre à la demande et à pérenniser leur activité dans le secteur de la traction animale. Le plus souvent, la technique est à la marge de leur activité quand elle ne disparaît pas purement et simplement de leur offre.

L'implication des utilisateurs dans la diversification et les ajustements de la technique

Malgré ces difficultés, on constate que la traction animale se maintient, qu'elle poursuit son développement. Désormais, les producteurs expriment directement leurs besoins aux prestataires de services ce qui conduit ces derniers à adapter et à diversifier leurs propositions. Citons par exemple :

– la diversification des attelages (vaches de trait, attelages monobovins, paires d'ânes, etc.), en réponse à la diversité des besoins et des possibilités financières des ménages agricoles ;
– la simplification des outils et leur adaptation (élimination des accessoires, modification des pièces travaillantes, utilisation de matière d'œuvre moins coûteuse...) ;
– l'évolution des itinéraires techniques (combinaison de la mécanisation et de l'emploi des herbicides, techniques de cultures simplifiées...).

On assiste à un redéploiement de la technique... La multifonctionnalité de la traction animale la place au cœur des stratégies des producteurs notamment pour la culture attelée, le transport et ses diverses fonctions économiques (épargne sur pieds, sources de revenus...) et sociales.

Pourtant tous les problèmes ne sont pas réglés et la traction animale souvent présentée comme le moteur du progrès et de la modernisation de l'agriculture familiale a également contribué à l'apparition de nouvelles difficultés pour lesquelles des solutions doivent être trouvées.

Les calendriers agricoles des paysans sont toujours saturés, et les goulets d'étranglement se sont reportés sur les opérations difficilement mécanisables intégralement (sarclages, récoltes).

Dans les zones agropastorales, la pression anthropique sur les ressources a fortement augmenté et l'espace est devenu un facteur limitant majeur. Les producteurs sont contraints de passer d'une logique d'extension des surfaces soutenue par la mécanisation à traction animale à une logique d'intensification. La place et le rôle de la traction animale doivent être redéfinis et répondre à d'autres enjeux : comme la pratique d'une culture continue, productive, préservant la fertilité des sols ; comme le maintien de l'élevage malgré la réduction des espaces pastoraux.

La mécanisation en traction animale se doit d'évoluer pour soutenir le développement d'itinéraires techniques écologiquement intensifs. D'une certaine manière, certains agriculteurs ont ouvert la voie avec le développement de techniques de culture simplifiées (limitation du travail du sol à la ligne de semis, labours superficiels, combinaison d'une mécanisation légère avec l'usage des herbicides...) et l'on pourrait envisager d'aller plus loin dans l'adoption des modèles proposés par l'agriculture de conservation à condition que la question foncière et que la place de l'élevage soient convenablement gérés au sein des terroirs villageois. La voie est aussi ouverte avec l'amélioration des techniques de production et de valorisation de la fumure organique, une tendance stimulée par le renchérissement des engrais minéraux (réduction des pertes de biomasses, diversification des modes de production de fumier et de compost). La production de légumineuses annuelles nécessitant peu de travail (comme le mucuna) semble intéresser de plus en plus de producteurs qui voient ainsi la possibilité de valoriser une jachère pour la production de fourrage, la fertilisation du sol mais aussi pour occuper un espace dans un contexte de pression foncière croissante.

Vers une recherche en partenariat

Les acquis de la recherche et la maîtrise technique de nombreux aspects de cette technologie sont réels mais les problèmes se posent désormais de façon différente. Aujourd'hui, l'intervention des agronomes se conçoit dans une perspective d'action et d'innovation en partenariat avec les nombreux acteurs qui composent le système de services d'appui à la traction animale (vétérinaires, forgerons, banquiers, services d'appui et de conseil). Avec les paysans, il s'agit de travailler dans le sens de l'adaptation et de la diversification des pratiques, mais aussi dans la redéfinition du rôle de l'animal de trait dans ce qui pourrait devenir un jour des systèmes de cultures innovants avec de nouvelles

associations céréales/légumineuses, des couvertures végétales du sol permanentes et des cultures annuelles associées à l'arbre.

Il faut aussi renforcer leur autonomie pour sécuriser leurs stratégies d'équipement (prise de risque calculée, projet d'équipement évolutif, option d'équipement conforme à ses moyens et à ses objectifs…). Avec les nouveaux prestataires de services, il faut reconstruire un système de services autour de la traction animale, c'est-à-dire :

– élaborer pour chaque service un contenu adapté aux besoins et aux contraintes des utilisateurs (producteurs, artisans) ;
– créer les conditions de durabilité (financière, organisationnelle et sociale) de chaque service et du système de services autour de la traction animale en précisant qui va payer et qui contrôlera la qualité du service ;
– coordonner ces différents services autour de la traction animale, en suscitant l'émergence de cadres de concertation contractualisés afin de formaliser cette coordination et la mise en place d'une instance de contrôle et de sanction, exercée par une collectivité ou bien en dernier recours par l'État.

Conclusion et perspectives

Une trajectoire complexe

En Afrique, les transformations brutales ou progressives du cadre socio-technique de la traction animale ont favorisé tantôt le déploiement des options (1950-1960 ; 1990-2000), tantôt un recentrage sur un nombre de modèles limités (1970-1980). La recherche d'abord techniciste, s'est ensuite intéressée à l'analyse des pratiques des producteurs pour se recentrer aujourd'hui sur l'intervention dans un cadre partenarial renouvelé. De son coté le développement, autrefois très volontariste, adopte désormais une posture de soutien et de conseil auprès des organisations de producteurs.

Des enseignements pour les agronomes et la recherche

Les travaux antérieurs visaient la mise au point des équipements et des normes techniques ; ils concernent désormais les conditions de pérennisation des services et les besoins des producteurs en tenant compte de la multifonctionnalité de la technique.

L'intervention des agronomes se conçoit dans un cadre trans-disciplinaire et dans une perspective d'action et d'innovation en partenariat avec les nombreux acteurs qui composent le système de services d'appui à la traction animale (vétérinaires, forgerons, banquiers, services d'appui et de conseil).

Les actions de recherche avec les paysans visent l'adaptation, la diversification des pratiques, la redéfinition du rôle de la traction animale dans des systèmes de cultures innovants basés sur les principes de l'agriculture de conservation ; mais aussi le renforcement de leur autonomie pour sécuriser leurs stratégies d'équipement (formations, conseils, organisations).

Il est important de construire, avec les nouveaux prestataires, un système durable de services à la traction animale, en mettant l'accent sur le contenu et les fonctions de chacun de ces services et sur leur coordination à l'aide de cadres de concertation contractualisés.

Conclusion générale

Une technologie toujours d'actualité pour un grand nombre d'agriculteurs

Bien que très ancienne, la traction animale, reste paradoxalement d'actualité, en ce début de XXIe siècle. Mais sa place est extrêmement variable d'un pays à l'autre, avec, schématiquement, les pays industrialisés où elle a fortement régressé, de nombreux pays en développement ou émergents où les évolutions des systèmes de production sont rapides et tendent souvent vers le remplacement des animaux par des tracteurs ou des motoculteurs, et enfin des pays moins avancés où la traction animale est encore d'actualité et présente même souvent des solutions d'avenir pour les petites exploitations agricoles, encore majoritairement en travail manuel.

Au plan mondial, et ceci n'est pas toujours assez connu, la majorité des agriculteurs (environ les deux tiers soit plus de 800 millions) travaille encore essentiellement à la main ; curieusement ce nombre serait relativement constant depuis plus d'un siècle alors que la population mondiale s'est fortement accrue. Les utilisateurs de la traction animale (environ 400 millions) viennent ensuite, en termes d'effectif. Enfin les bénéficiaires de la mécanisation motorisée (environ 30 millions) quant à eux utilisent aussi, en général, le plus d'intrants (énergétiques, chimiques, génétiques) et cultivent les superficies par actif les plus grandes. Ce sont clairement ces derniers qui ont la productivité et les rendements les plus élevés. Les écarts de production sont impressionnants : de l'ordre d'une tonne de céréales par actif et par an (pour les manuels) jusqu'à 1 000 fois plus pour ceux travaillant dans les systèmes intensifiés et motorisés. Les utilisateurs de l'énergie animale se situant en position intermédiaire.

Dans l'agriculture des pays en développement, l'utilisation de la traction animale reste une réalité importante et on considère (FAO) que plus de 400 millions d'animaux (bovins, bubalins, équidés, camélidés) participent encore à cette fourniture d'énergie dans l'agriculture.

Des utilisations multiples pour les progrès d'une agriculture familiale durable

Durant les périodes de travaux agricoles, l'utilisation principale de l'énergie animale reste la culture attelée pour les labours, les semis, les buttages et les sarclages. Tout au long de l'année et au quotidien, elle remplit un rôle également très important pour le transport des personnes et des matériaux (bois, eau, récoltes, fumiers, pierres, etc.), tant en milieu rural qu'urbain... Elle est aussi utilisée pour d'autres activités telles que l'exhaure de l'eau, le broyage des grains et certains travaux artisanaux.

L'énergie animale est complémentaire du travail humain et elle se combine aussi parfois à l'énergie motorisée.

Tant pour la culture attelée que pour le transport, la traction animale a été historiquement une source de progrès à travers l'efficacité accrue du travail du sol, la rapidité des interventions (semis, transports, etc.) et l'amélioration de la productivité du travail humain.

Au fil des siècles, la traction animale s'est révélée comme un élément moteur de l'intégration de l'agriculture et de l'élevage ; elle participe en effet aussi à la durabilité de ces systèmes mixtes encore majoritaires dans le monde, grâce à la fourniture d'énergie, à travers la culture attelée et le transport, l'entretien de la fertilité des sols par la fumure animale et l'alimentation des animaux à partir du système de cultures.

La traction animale, « moteur » de cette intégration, permet en effet une intensification simultanée et synergique des productions végétales et animales répondant aux objectifs d'accroissement des productions ; il s'agit bien d'une forme d'intensification écologique, raisonnée et relativement autonome. Elle permet un progrès réel en termes de productivité agricole ; de plus, cette forme d'énergie, bien utilisée, est plus respectueuse des environnements fragiles que ne le serait la motorisation. Économe, écologique et adaptée à la dimension des exploitations familiales, elle apparaît donc comme adaptée à bien des paysannats des pays moins avancés.

Des avantages sociaux et économiques déterminants

La libération de temps permise grâce au travail animal constitue un avantage social très important pour favoriser des dynamiques nouvelles au village, en termes d'organisation des producteurs, de négociation, d'animation, de temps de formation, de loisirs, etc. Les femmes seront souvent de grandes bénéficiaires de ces gains de temps.

Au plan économique, la diversification et l'augmentation des productions agricoles permises par la traction animale contribuent à améliorer la sécurité économique des familles équipées ; le transport attelé facilite également la commercialisation des produits de l'exploitation. Les prestations de traction animale (travail du sol, transport, etc.) procurent fréquemment des revenus complémentaires aux exploitants propriétaires d'attelages. Les animaux de trait achetés jeunes prennent de la valeur en devenant adultes, et constituent une forme d'épargne qui sécurise les exploitations familiales.

Des marges de progrès conséquentes

Bien que cette technologie soit globalement très ancienne, l'utilisation paysanne de la traction animale, de nos jours, est souvent loin d'être optimale.

• Le dressage et la conduite des animaux de trait peuvent parfois être améliorés, non seulement pour un meilleur bien-être des animaux qui travaillent, mais aussi dans l'intérêt des utilisateurs qui obtiendront un meilleur service d'animaux mieux entretenus, plus dociles et plus efficaces.

• Les harnachements laissent souvent à désirer, ne permettant pas, là encore, l'optimisation de l'effort animal ; ils provoquent parfois des blessures et des plaies sources de souffrance pour les animaux au travail et également très préjudiciables à l'efficacité des travaux attelés.

• Les outils sont souvent insuffisamment diversifiés, mal entretenus ou mal adaptés à la puissance de l'attelage ; ils manquent parfois complètement, ou sont en nombre très insuffisant, comme parfois les charrettes, en raison de leur coût prohibitif pour les paysans, dans certains pays.

• L'impact environnemental négatif d'une culture attelée mal maîtrisée (érosion par exemple) est parfois à déplorer…

• Les pertes de déjections animales et de résidus agricoles qui pourraient être valorisés en fumure organique sont souvent très importantes.

Cette situation découle en partie des politiques de réduction des services agricoles fournis aux ruraux ; la formation relative à l'utilisation rationnelle de la traction animale a notamment fait défaut dans beaucoup de situations, malgré une demande paysanne importante. Les jeunes générations et surtout les femmes qui constituent, dans les zones rurales, l'essentiel de la main-d'œuvre n'ont pas toujours bénéficié de formation suffisante. Les financements nécessaires aux paysans pour leur permettre d'acquérir des animaux et des équipements agricoles et les services d'approvisionnement et de maintenance des équipements de traction animale sont souvent insuffisants, et parfois inexistants.

Il reste donc une marge de progrès importante dans de nombreux pays, à différents points de vue :
– pour faciliter le passage du plus grand nombre d'agriculteurs du travail manuel au travail attelé avec des animaux de trait ;
– pour améliorer l'utilisation de ces animaux par l'enseignement de bonnes pratiques relatives à la conduite, au dressage, aux soins, aux harnachements, à l'adaptation des outils aux capacités des attelages ;
– pour améliorer l'intégration entre les animaux de trait et l'agriculture ;
– pour diversifier le matériel agricole en l'adaptant aux besoins locaux ;
– pour former et accompagner les artisans forgerons dont le rôle est essentiel pour produire et entretenir l'équipement agricole ;
– pour lutter contre l'érosion, notamment.

La formation peut donc jouer un rôle important à plusieurs niveaux pour améliorer les pratiques des acteurs de la filière pour différentes fonctions : fabrication et entretien des harnachements et de l'équipement agricole, dressage et conduite des animaux, aménagements du paysage, techniques de production de fumure organique. Une attention particulière doit aussi être accordée aux structures aptes à assurer des services durables d'appui à la traction animale : financement, fabrication et maintenance des équipements, approvisionnement et soins aux animaux de trait, etc.

Un tel ouvrage peut contribuer à cet objectif de formation et d'amélioration de la technique et des connaissances de divers acteurs.

Un rôle essentiel au Sud, une place à re-conquérir au Nord ?

La crise énergétique et les perspectives de pénurie d'énergie fossile se traduisent par la hausse continue des prix du pétrole ; cela redonne à l'énergie animale une place de choix et une valeur compétitive dans la modernisation des exploitations familiales rurales de certains pays. L'utilisation de cette forme d'énergie renouvelable est un élément de productivité durable et d'autonomie de leurs agricultures. Dans la réflexion et la mise en place de nouvelles politiques de développement agricole des pays pauvres, la promotion ou la redynamisation de la traction animale devraient retrouver une place justifiée.

Dans les pays industrialisés, l'utilisation des animaux de trait a fortement régressé au cours de la deuxième moitié du XXe siècle, avec le développement de la motorisation (mécanisation motorisée) ; mais on observe, en particulier en Europe, une certaine relance de l'utilisation de la traction animale, pour des activités comme le débardage du bois,

la collecte des déchets, le ramassage scolaire, l'entretien des espaces verts et, en agriculture, pour le maraîchage, l'arboriculture fruitière et la viticulture.

Malgré son ancienneté, la traction animale, technologie durable et à faible impact carbone, continue à se développer dans certaines régions du monde grâce à ses avantages pour l'agriculture familiale, notamment l'amélioration de la productivité et la diminution de la pénibilité du travail humain. Source adaptée d'énergie renouvelable, elle contribue à l'amélioration de la sécurité alimentaire des petits paysans et à la durabilité des systèmes de production. Elle contribue aussi, dans de nombreux pays, à l'amélioration du transport des biens et des personnes, tant en milieu rural qu'urbain.

L'utilisation de l'énergie animale dans le contexte de crise économique et énergétique apparaît bien comme un facteur de compétitivité et de durabilité des agricultures familiales des pays pauvres, mais aussi, parfois, comme une alternative intéressante pour certains travaux agricoles au Nord.

Glossaire

Ados *(ridge)* : billon formé par la rencontre de deux bandes de terre labourée (labour en adossant)

Age *(ploughbeam,* US : *plowbeam)* : ossature d'une charrue. Il raccorde le reste de la charrue à l'animal.

Âne, ânesse, *Equus asinus* **L.** *(donkey or ass)* : équidé plus petit que le cheval (hauteur au garrot 90-130 cm). Il a les oreilles plus longues et plus larges, la tête plus grosse en proportion. La couleur est variable du gris cendré au noir brun et au bai foncé. L'âne africain, de petite taille, présente souvent une « croix » noire sur le garrot, dite « croix de Saint André ». Il est tranquille, docile et sobre ; il vit 30 ans environ. L'âne brait quand il pousse son cri « hi-han ». Animal rustique, l'âne tolère des rations pauvres. Il est utilisé surtout comme bête de somme (50 kg sur 20 km par jour), ou de trait pour les transports et dans les travaux des champs. Les harnais utilisés sont la bricole, le collier et le bât. Le lait d'ânesse se rapproche de celui de la femme et est réputé avoir des propriétés médicinales. Voir bardot et mulet.

Anneau nasal, anneau de nez *(nose ring)* : anneau métallique passé dans la cloison nasale des bovins pour leur contention.

Aplomb *(stance)* : position des membres qui supportent le poids du corps par rapport au sol. Les aplombs sont appréciés debout au repos.

Araire *(ard plough)* : charrue rudimentaire, l'araire creuse un sillon mais ne retourne pas le sol. L'araire est répandu en Éthiopie, en Afrique du Nord et en Amérique centrale. Voir charrue.

Attelage *(team, harnessing)* :
– 1. *(team)* les bêtes de somme attelées ou l'ensemble des animaux et de l'équipement permettant la traction.
– 2. *(harnessing)* action ou manière d'atteler les animaux de trait. Exemples : attelage simple/double, en tandem, au joug *(yoking)*, etc.

Atteler *(to harness)* : harnacher et attacher des animaux de trait à un véhicule ou un instrument agricole. **Dételer** consiste à effectuer l'opération inverse.

Avaloir, avaloire, reculement *(breeching)* : sangle arrière du harnais entourant les cuisses de l'animal de trait. Elle permet de retenir la voiture ou de la faire reculer.

Bardot, bardeau *(hinny)* : hybride stérile obtenu par le croisement d'un cheval (étalon) et d'une ânesse. Il hennit comme le cheval. La production des bardots est presque abandonnée. Voir âne, cheval, équidés, mulet.

Barre d'attelage *(hitch cross bar)* : pièce transversale fixée au châssis, pour y attacher des outils traînés.

Bât *(packsaddle)* : selle sommaire maintenue par des sangles permet-

---

D'après Meyer C., Vall E., 2004. *Glossaire sur le travail animal.* Document de travail. Cirad-emvt. 67 p. Glossaire révisé et complété par les auteurs de l'ouvrage sur la traction animale (2010) : Philippe Lhoste, Michel Havard et Éric Vall, avec l'appui de Paul Starkey pour les traductions en anglais.

tant de faire porter des charges sur le dos des animaux dits de bât.

Bâter *(to load a pack animal)* : charger un bât. Voir bât.

Bâti de charrue *(plough frame)* : partie rigide qui supporte les pièces travaillantes d'une charrue. Voir age.

Battage *(threshing)* : action de battre une céréale (blé, riz, etc.) pour séparer le grain de ses enveloppes. Le battage peut être effectué par le piétinement des animaux (« dépiquage »), par des traîneaux à traction animale ou par une machine fixe (batteuse, *threshing machine*) ou non (moissonneuse-batteuse).

Billon *(ridge)* : bandes de terres retournées et accolées, séparées par des rigoles. Plus rapide à faire que le labour, le billonnage demande aussi une grande force de traction.

Binage *(harrowing, cultivating)* : opération qui brise la superficie de la terre. Il est effectué avec une bineuse. Il peut être réalisé au moyen d'un appareil à traction animale. Voir sarclage.

Bœuf *(ox, bullock, US : steer)* : bovin mâle castré pour qu'il soit moins agressif et engraisse mieux. Il est destiné à la production de viande ou de travail *(trek ox, draught ox, draft ox)*.

Bovin *(bovid)* : voir taurin, zébu et bœuf.

Bourrelier *(harness maker)* : celui qui fabrique des harnais, des pièces de harnachement.

Bouvier *(cowherd)* : personne qui garde et conduit les bœufs.

Brancards *(shaft)* : pièces de bois ou de métal servant à atteler l'animal de trait à une voiture, une charrette, etc.

Bricole *(breast harness, breast collar)* : courroie du harnais de l'animal de trait (cheval, âne, dromadaire...) qui prend appui sur le poitrail. Elle remplace le collier d'attelage pour un travail léger. Voir collier d'attelage.

Buffle domestique, *Bubalus bubalis* *(water buffalo)* : ruminant de la famille des bovidés, sous-famille des bovinés.
Le corps du buffle est massif, la tête longue et mince au front légèrement bombé. Le dos est droit, le bassin oblique, les membres courts. La peau est épaisse.
Il est très répandu en Asie du Sud-Est (Inde, Indochine). Peu présent en Afrique, on le trouve en Afrique de l'Est, à Madagascar et en Égypte. Deux types sont distingués : le buffle des rivières, préférant les eaux courantes claires, de type laitier et le buffle des marais, qui préfère les eaux stagnantes et boueuses et travaille bien en conditions humides comme pour la culture du riz. Le buffle beugle, souffle ou mugit. Le buffle fournit lait, viande, travail et fumier.

Buttoir, butteur, billonneuse à soc *(ridger, cultivator)* : petite charrue servant à butter, c'est-à-dire à remonter la terre sur les plants. Elle a un ou deux socs et deux ailes ou versoirs.

Caravane *(caravan, camel train)* : suite de dromadaires transportant des marchandises.

Castration *(castration [all animals], gelding [for horses])* : interruption des voies génitales ou ablation des glandes sexuelles, le plus souvent de façon chirurgicale, testicules chez le mâle (émasculation), ovaires chez la femelle. Chez les mâles, elle vise à obtenir des animaux dociles pour le travail ou des sujets qui s'engraissent mieux (bœufs, chapons).

Chameau de Bactriane, *Camelus bactrianus (Bactrian camel)* : mammifère de la famille des camélidés. Le chameau à deux bosses et à pelage laineux ou chameau d'Asie *(Camelus bactrianus)* est un grand mammifère ongulé à deux bosses dorsales. Il est plus bas que le dromadaire, ses pattes étant plus courtes. Son corps, plus trapu est plus allongé et plus velu. Il vit dans les déserts froids d'Asie uniquement.

Char à bœufs *(ox wagon)* : grande charrette pour attelage bovin.

Charge utile, **CU** *(carrying capacity)* : charge que peut supporter une charrette sans déformation ni rupture.

Chariot *(waggon, cart, carriage)* : voiture de transport de marchandises à quatre roues, pour des transports pesants, souvent hippomobiles.

Charrette *(cart)* : voiture à deux roues, avec deux ridelles et deux limons, munie d'un plateau pour transporter des charges.

Charrue *(plough, plow)* : instrument pour labourer la terre pouvant être utilisé en traction animale. La charrue à soc comporte un avant-train monté sur roues, et un soc tranchant. La charrue simple verse la terre d'un seul côté, la charrue réversible a deux corps opposés.

Cheval, cheval domestique, *Equus caballus (horse)* : mammifère de la famille des équidés.
Le cheval est généralement de grande taille, aux formes élégantes, aux oreilles plus petites, à queue garnie de crins depuis la base, et au cou muni d'une crinière. Le cheval hennit, s'ébroue. Il est utilisé pour la traction animale, la culture attelée, les sports équestres, les courses de chevaux (sport) et les randonnées (tourisme). Les harnais utilisés sont le collier et la bricole. Son utilisation pour la viande est peu importante.

Cheval-vapeur, **CV** *(horse power, HP)* : unité de puissance. C'est la force qui peut élever un poids de 75 kilogrammes à un mètre de hauteur en une seconde. Elle vaut 736 watts.

Collier d'attelage, collier d'épaule *(collar)* : pièce de harnais en cuir rembourrée mise autour de l'encolure des animaux de trait ou d'attelage lourd et positionnée à plat sur les épaules. Le collier européen comporte une armature, un rembourrage et deux crochets d'attelage.

Confiage : opération consistant, pour un propriétaire d'animaux, à prêter, pour un temps donné, une ou plusieurs bêtes à un proche qui en bénéficie. S'agissant des animaux de trait, le bénéficiaire du confiage peut ainsi disposer de l'attelage pour son usage personnel. Les contrats de confiage, établis sur la base de la confiance mutuelle, sont oraux et très variés.

Corps de charrue *(plough body)* : assemblage des pièces d'une charrue qui travaillent le sol. Il est relié à l'age par l'étançon.

Corps sarcleurs, corps butteurs *(weeder, ridger body)* : outils de sarclage et de buttage reliés à l'age par l'étançon.

Coussinet *(head pad)* : petit coussin utilisé par exemple pour protéger l'animal du joug en traction animale. Il est bloqué entre les cornes.

Coutre *(plough coulter)* : fer placé devant le soc de la charrue ou du semoir qui fend la terre. Voir charrue.

Coutrier *(tine)* : décompacteur du sol à sec utilisant une dent en forme de pointe rigide pour briser la croûte superficielle. Il peut être à traction animale.

Cultivateur *(cultivator)* : instrument agricole à dents utilisé pour ameublir le sol à faible profondeur. Il sert à faire des pseudo-labours, à préparer le sol avant semis ou au désherbage. Il peut être tiré en traction animale.

Débourrage *(breaking in)* : début du dressage d'un cheval de selle. On habitue le cheval à obéir, à supporter la selle, puis le poids d'un cavalier.

Dent (pour les outils) *(tooth, tine)* : pointe de la herse ou du cultivateur travaillant le sol.

Dromadaire, *Camelus dromedarius (one-humped camel, dromedary Arabian camel)* : mammifère de la famille des camélidés. Le dromadaire, herbivore ruminant adapté à la marche et à la chaleur, est proche du chameau mais n'a qu'une seule bosse dorsale. Il sert pour divers usages : lait, viande, portage avec un bât, traction attelée, exhaure de l'eau, course, cuir, poils... On distingue deux grands types : le type animal de bât trapu et fort ou rustique (montagne) ; le type animal de course ou Méhari, à pelage ras, haut, élancé et rapide. Les harnais utilisés sont le bât et la bricole.

Écurie *(stable)* : logement des équidés : chevaux, ânes ou mulets. Dans certaines régions, le mot désigne l'étable.

Effort *(effort, tractive effort, force)* : mobilisation de ses forces pour vaincre une résistance. On distingue : effort soutenu (moyen) et effort maximal instantané.

Éléphant d'Asie, *Elephas maximus* **L.** *(Asiatic elephant)* : mammifère de la famille des Elephantidae. Il est plus petit que l'éléphant d'Afrique. Hauteur inférieure à 3 m, longueur de 5,5-6,4 m ; queue 1,2-1,5 m. Poids jusqu'à 3 000 kg. Le front est concave et bosselé. Il a des oreilles plus courtes que l'éléphant d'Afrique et triangulaires, 19 paires de côtes au lieu de 21, le front est plat, ses défenses sont moins longues. À l'état sauvage, il habite la jungle au Sud de l'Asie : Inde, Birmanie, Thailande, Cambodge, Malaisie, Indonésie ; il broute les herbes et les plantes tendres. Il vit en hardes. La gestation est de 21-22 mois. Dressé pour le travail, il peut porter 500 à 600 kg.

Équidés *(equids)* : famille de mammifères comprenant les ânes, les chevaux et leurs hybrides (mulets et bardots), et les zèbres. La durée de gestation est de 340 jours pour étalon x jument (cheval), de 355 jours pour âne x jument (mulet), de 360 jours pour étalon x ânesse (bardot), de 374 jours pour âne x ânesse (âne).

Essieu *(axle)* : pièce transversale fixée de chaque côté au moyeu d'une roue et qui supporte le poids d'un véhicule.

Étalon *(stallion, male horse)* : cheval entier affecté à la reproduction. L'étalon peut être utilisé à la reproduction entre l'âge de 3 ans environ et 18 ans ou plus.

Exhaure de l'eau *(water lifting)* : action de faire monter de l'eau d'un puits ou d'un forage pour l'abreuvement, l'irrigation, etc. Elle peut faire appel à la traction animale. L'exhaure peut être continue (manège) ou discontinue (traction en ligne droite d'un récipient).

Faucheuse *(mower)* : machine agricole mobile pour faucher l'herbe. Elle peut être à traction animale.

Fer à cheval *(horseshoe)* : ferrure permettant de protéger le sabot du cheval.

Force *(strength)* : une force est caractérisée par son point d'application, sa direction, son sens et son intensité (sa valeur) : force résistante, force motrice de traction.

Fouet *(whip)* : aide du cavalier ou du meneur d'attelage.

Garrot *(withers)* : partie de l'animal (bovin, équidé) située au point de jonction du cou avec le dos.

Guides, rênes, cordes *(reins)* : lanières ou courroies de cuir ou cordons de chanvre attachés au mors du cheval attelé à une voiture ou de l'animal de traction pour le diriger.

Harnachement *(harnessing, harness, saddlery)* :
– 1. *(harnessing)* action de harnacher.
– 2. *(harness, saddlery)* ensemble des pièces du harnais. En traction animale, le harnachement transmet l'effort de traction de l'animal à l'outil utilisé. Voir collier, joug.

Harnais *(harness)* : ensemble de pièces généralement en cuir (courroies), en bois ou en métal qui servent à équiper un animal de trait, de selle, ou de bât, pour permettre la traction, le portage et pour le gouverner.

Herse *(harrow)* : instrument agricole comportant des pointes utilisées pour réduire les grosses mottes du labour avant le semis ou pour enfouir les graines semées à la volée. Le travail est peu profond. La herse peut être à traction animale.

Hongre *(gelding)* : cheval ou âne castré.

Houe *(cultivator, multipurpose toolbar)* : appareil muni de un ou plu-sieurs socs larges (fer recourbé ou dents), utilisé pour le binage des cultures. Elle peut être utilisée en traction animale. Les « houe Manga », « houe sine », « houe occidentale » sont utilisées en Afrique de l'Ouest.

Joug *(yoke)* : pièce de bois servant de harnachement pour l'attelage des bovins. Le joug permet d'associer deux animaux pour le travail. On utilise le plus souvent un joug de garrot pour les zébus et un joug de tête (ou joug de nuque) maintenu derrière les cornes par des lanières (juscles) pour les taurins. On distingue selon le nombre d'animaux attelés, les jougs simples (pour un seul animal), les jougs doubles, les plus fréquents, et les jougs triples pour l'initiation au dressage.

Jouguet, petit joug *(single yoke)* : joug simple.

Labour *(ploughing, US : plowing, tilth, tillage, tilled lands)* :
– 1. *(ploughing, US : plowing)* action de labourer, d'ameublir la terre et de la retourner. Le labour peut être superficiel, léger *(tillage, surface tillage)*, en intéressant la couche superficielle du sol, ou profond *(deep tillage, deep ploughing)*.
– 2. *(tilth)* résultat de cette action. Voir charrue.

Lama, *Lama glama* **Linnaeus 1758** *(llama)* : mammifère de la famille des camélidés. Le lama est plus petit que le chameau et le dromadaire. Il n'a pas de bosse. Ses oreilles sont plus longues et ses pieds plus fendus que le chameau. Les lamas sont élevés dans les Andes en Amérique du Sud et ils résistent à la sous-nutrition saisonnière. Il est utilisé au bât comme bête de somme (portant une vingtaine de kilos) et pour la boucherie, accessoirement pour le lait et le fumier.

Licol, licou *(halter)* : bride sans mors ou pièce de harnais passée à la tête des grands animaux pour les attacher ou les mener en y fixant une longe.

Limon *(schaft)* : pièce d'attelage, une des deux branches de la limonière d'une voiture. Voir brancard.

Longe *(halter)* : corde ou lanière de cuir que l'on attache au licol ou au caveçon du cheval pour le travail à la longe, pour le guider ou pour l'attacher.

Mancherons *(handle)* : barres de la charrue munies de poignées qui permettent au cultivateur de maintenir celle-ci pendant le labour.

Manège *(animal-powered gear)* : appareil rotatif mû par la traction d'animaux qui décrivent un cercle en marchant ; il peut servir à monter de l'eau, moudre du grain, etc.

Médioligne : se dit de la conformation d'un animal de morphologie moyenne ; on utilise aussi les termes «bréviligne» pour un animal trapu aux tronc et membres courts, et «longiligne», pour un animal élancé aux membres et tronc longs.

Moissonneuse *(reaper harvester)* : machine agricole mobile pour couper les céréales. Elle peut être à traction animale.

Monture *(bridle headpeice, mount)* : partie de la bride qui entoure la tête du cheval et tient en place le mors. Se dit aussi de l'animal monté (« *qui veut voyager loin, ménage sa monture* »).

Mors *(bit, snaffle bit)* : partie de la monture de la bride du cheval. C'est une pièce métallique faisant levier, passant dans la bouche du cheval sur les barres (espace libre entre les dents), et qui permet de le gouverner. Le mors de filet *(snaffle bit)* agit sur les commissures des lèvres. Le mors de bride *(bridle bit, curb bit)*, plus puissant, agit sur les barres.

Mulet, mule *(mule)* : hybride stérile, pour le mâle, obtenu par croisement d'un âne mâle (baudet) et d'une jument. Celle-ci ne connaîtra pas de difficultés pour la mise-bas. Plus petit que le cheval, le mulet est rustique, endurant à la fatigue, à la chaleur, à la faim et à la soif. Il convient bien pour la monte, le transport des marchandises et les travaux des champs. La femelle est appelée mule. Voir âne, bardot, cheval, équidés.

Multiculteur *(multipurpose toolbar)* : instrument polyvalent pour cultiver le sol qui comporte un bâti sur lequel on peut fixer différents outils : charrue, cultivateur, butteur, semoir, etc. Voir polyculteur.

Muselière *(muzzle)* : petit sac en filet placé sur le mufle des animaux.

Noria *(noria, water wheel)* : machine avec roue élévatrice permettant de puiser de l'eau (exhaure de l'eau) pour l'abreuvement du bétail ou d'autres usages. La roue peut être mue par la traction d'un animal. La hauteur d'élévation va de 5 à 25 m. Voir exhaure de l'eau, manège.

Palefrenier, garçon d'écurie *(horse man, ostler)* : celui qui soigne les équidés.

Palonnier *(swingletree, singletree, evener)* : barre d'attelage fixée au train de devant ou à la volée, qui répartit aux deux bouts la force exercée en son centre et sur laquelle les traits sont attachés.

Piétinage *(puddling)* : mise en boue réalisée par les pieds d'un troupeau de bovins que l'on fait tourner dans la rizière après sa mise en eau. Exemple : avec les zébus à Madagascar.

Polyculteur *(wheeled toolcarrier)* : porte-outils à roues, polyvalent. Il sert au travail du sol et au transport. Il peut être à traction animale. Voir multiculteur.

Poney, ponette *(pony)* : cheval de petite taille à l'âge adulte (moins de 1,49 m au garrot). Les poneys sont originaires de régions rudes où la nourriture était rare, froides ou chaudes. On trouve en Afrique différents types de poneys : poney du Logone, poney du Moyen-Logone, poney Hoho, poney de la Kabia, poney M'Par, poney Cayor. Ce sont des animaux trapus et robustes, de petite taille (200-250 kg), rustiques et endurants.

Portage *(pack transport)* : transport de marchandises sur le dos d'un animal harnaché pour cela. Voir bât.

Puissance de traction *(power, tractive power)* : travail de traction par unité de temps. P = W/t. Voir travail de traction.

Rasette *(skimmer)* : petit soc fixé à la charrue, ou monté sur le semoir pour le recouvrement des graines.

Rayonneur *(furrow-opener, row marker)* : appareil à dents rigides traîné (manuellement ou par des animaux) qui permet de matérialiser sur le terrain les lignes de semis ou de creuser un sillon où seront déposées les graines à la main.

Régulateur *(regulator, vertical/horizontal)* : assure le réglage en largeur et en profondeur de la charrue.

Rendement énergétique, rendement net *(energy efficiency)* : rapport entre l'énergie restituée et l'énergie fournie par le travail. C'est le travail de traction divisé par la dépense énergétique.

Ridelle *(slatted sides)* : râtelier ou planche mis autour du plateau d'un chariot pour retenir la charge sur deux ou quatre côtés.

Rippeur *(ripper, tine)* : instrument ou châssis de charrue muni d'une dent et servant à ouvrir une bande étroite de terre pour le semis direct.

Roliculteur, cultivateur roulant *(rolling cultivator)* : appareil à disques utilisé pour la reprise des labours, le labour superficiel avant semis. Il peut être à traction animale.

Roue marqueuse *(marker wheel)* : roue avec des dents permettant de matérialiser sur le terrain les trous pour les semis en lignes en poquet et de précision.

Rouleau *(roller)* : cylindre en bois cerclé de fer, en pierre, en métal ou en fonte, lisse ou armé de pointes muni d'un timon et d'un axe permettant de le faire rouler. Il sert à briser les mottes, à tasser la terre ou à battre les grains. Il peut être à traction animale.

Sabot *(hoof, hooves)* : étui de protection simple, en corne (kératine), de la dernière phalange des doigts de pied des ongulés (équidés, ruminants, porcins) correspondant à l'ongle de l'homme.

Sangle *(girth)* : large bande servant à serrer ou à porter. Ex. : **sangle de selle ou sangle ventrale** : courroie qui tient la selle *(saddle girth)*.

Sarclage *(weeding)* : arrachage des mauvaises herbes avec ameublissement de la superficie du sol. Il peut être effectué au moyen d'un appareil à traction animale. Voir binage.

Scarificateur *(cultivator, scarifier, harrow)* : cultivateur aux dents légères faites en acier à ressorts.

Selle *(saddle)* : siège souvent de cuir permettant de monter un cheval ou une bête de somme. Elle est maintenue par une sangle.

Sellette, coussinet rembourré *(saddle)* : large bande de cuir formant une petite selle étroite traversée par la dossière. La sous-ventrière s'y accroche. La sellette maintient les brancards des voitures. Elle facilite le portage.

Semis *(sowing, seeding)* : action de semer. Le semoir peut être à traction animale.
– Semis à la volée *(broadcast sowing)* de céréales ou de plantes fourragères.
– Semis direct *(direct drilling, direct seeding)* sur le sol non préparé.
– Semis en ligne dans des sillons parallèles creusés.
– Semis monograine (exemple du semoir Super-Éco en Afrique de l'Ouest).
– Semis en poquet.
– Semis sans labour *(sod sowing)*.
– Sursemis *(overseeding)*.

Semoir *(seeder)* : appareil permettant le semis. Il peut être tiré par un attelage composé de un ou deux animaux de trait.

Sep *(frog)* : partie rigide centrale de la charrue fixée à l'étançon. Fixée à l'age, elle supporte le soc et le versoir et glisse au fond du sillon.

Soc *(plough share,* US : *plow share)* : partie dure en acier d'un instrument agricole à dents (araire, charrue, etc.). C'est une lame en général trapézoïdale, triangulaire autrefois. Sur la charrue, il découpe la terre et commence à la retourner. Il amorce le sillon.

Souleveuse *(groundnut lifter, harvester)* : lame tranchante montée sur un bâti ; elle sectionne le pivot des arachides au-dessous des gousses, et les ramène à la surface.

Sous-soleuse *(subsoiler)* : instrument ou châssis muni d'une dent servant à décompacter le sol.

Sous-ventrière *(belly-band, saddle-girth)* : courroie de fixation passant sous le ventre ou le poitrail de l'animal, souvent au passage des sangles, pour maintenir la selle, le bât ou le chargement.

Surcou : partie de la bricole qui passe sur l'encolure du cheval. Voir bricole.

Surdos : pièce de harnais placée sur le dos du cheval de trait et qui permet d'entraîner la voiture en reculant.

Surfaix *(surcincle)* : sangle qui entoure le ventre du cheval. Pendant le dressage, on met un surfaix avant de mettre une selle au jeune cheval. Le bâton de surfaix est un moyen de contention. Il est attaché au surfaix et au licol.

Talon *(heel)* : petite pièce de la charrue fixée à l'extrémité du contre-sep. Il glisse sur le sol et stabilise la charrue.

Taurin, *Bos (taurus) taurus (humpless cattle)* : bovin sans bosse (par opposition au zébu). L'os frontal a un fort bourrelet transversal, le chignon. Le mufle est large. La femelle a deux paires de mamelles inguinales, bien développées dans les races laitières. En Afrique, certaines races de taurins, dites trypanotolérantes (N'dama, Baoulé, par exemple) sont peu sensibles à la trypanosomose. Ces taurins sont élevés pour la viande, le lait, le travail et la fertilisation des champs. Certaines races sont spécialisées. Les bœufs (mâles castrés) servent à la culture attelée. Le harnais classiquement utilisé est le joug de tête.

Timon *(shaft)* : longue pièce de bois placée à l'avant d'une voiture ou d'une charrue à laquelle sont attelés les bœufs ou les chevaux.

Tombereau *(tip-cart)* : voiture à deux roues pour le transport de marchandises en vrac. C'est une caisse qui peut parfois être basculée vers l'arrière, pour le déchargement de produits.

Traceur *(line marker)* : pièce fixée sur un semoir pour marquer la prochaine ligne de semis.

Traction animale *(animal traction, draught animal power,* US : *draft)* : utilisation de la force d'un animal pour tirer et réaliser un travail : travail du sol, transport, récolte, exhaure de l'eau, etc. Elle permet un travail du sol plus efficace, plus rapide, et sur une plus grande surface que celui fait à la main par l'homme.

Traîneau *(sleigh, sledge,* US : *sled)* : véhicule monté sur skis ou patins pour se déplacer sur la neige, la glace ou sur un sol aménagé. On peut y atteler des chiens, un ou plusieurs chevaux, rennes ou bœufs. Il est généralement en bois, parfois chaussé de patins de fer. Voir travois.

Trait (animal de) *(draught animal, working animal)* : animal utilisé pour tirer une charge ou un véhicule.

Traits *(traces)* : lanières de cuir (courroies), cordes ou chaînes avec lesquelles les animaux (chevaux, mulets, bovins, etc.) tirent les attelages.

Transport *(transport)* : les animaux de bât, de somme et ceux utilisés à la traction animale ont un rôle important à jouer dans les transports de personnes et de marchandises, publics ou privés.

Travail (animal de) *(working animal)* : les animaux de travail sont utilisés pour la traction animale (culture attelée, transports, exhaure de l'eau, etc.), pour le sport (courses, concours) et les spectacles (cirque).

Travail de traction *(work)* : c'est l'énergie nécessaire pour déplacer un objet avec une force F sur une distance L : $W = F \times L$.

Travois *(travois, transport frame)* : sorte de traîneau attelé très simple, composé de deux perches croisées sur l'encolure et fixées aux flancs de l'animal (cheval, chien…), utilisé par les tribus amérindiennes dans leurs déplacements).

Trémie *(seed hopper)* : réservoir où sont stockées les graines sur un semoir.

Tropiculteur *(wheeled toolcarrier)* : porte-outils à roue. Il peut être à traction animale. Voir polyculteur.

Voiture *(vehicle, carriage)* : moyen de transport, souvent sur roues. Une voiture à roues peut être tirée par des animaux (hippomobile si ce sont des chevaux) ou par un moteur (automobile).

Volée : – 1. Pièce de bois de traverse fixée à l'avant du timon d'une voiture. – 2. Cheval de volée : cheval de tête, placé à l'avant du (des) timonier(s) et attelé à la volée par des traits.

Weeder *(tine cultivator)* : herse à dents souples et incurvées terminées par une pointe appuyant légèrement sur le sol et vibrant au cours du déplacement.

Yak, yack domestique, bœuf grognant, *Bos grunniens* **Linnaeus 1758,** *Poephagus (domestic yak)* : bovin domestique des montagnes d'Asie centrale (famille Bovidés, sous-famille Bovinés). Élevé sur les hauts plateaux du Tibet et de Chine de l'Ouest, le yak peut résister au froid et se nourrir de lichens et de mousses. C'est surtout une bête de somme ou d'attelage. Sa viande et son lait sont consommés ainsi que beurre et fromage. Le cuir est utilisé et la bouse séchée sert de combustible. La longue fourrure sert à faire des couvertures, des cordes et des tentes.

Zaï (zaï, pit planting) : technique de culture manuelle des sols dégradés au Sahel ; elle est très lourde en travail mais peut être faite en culture attelée, le « *zaï* mécanisé » ce qui réduit considérablement la durée et la pénibilité du travail.

Zébu, bovin à bosse, *Bos (taurus)* *indicus (humped cattle, zebu cattle)* : bovin domestique de l'Inde, répandu ensuite dans les tropiques notamment en Afrique et à Madagascar, il peut être considéré comme une sous-espèce de bœuf domestique *Bos taurus*. Le zébu a une bosse, thoracique ou cervico-thoracique. Le fanon est développé et les membres sont allongés. L'encolure est étroite et allongée, peu musclée. Il est bien adapté à la chaleur, à l'aridité et aux déplacements (Sahel), mais il n'est pas trypanotolérant comme les taurins africains (N'dama et le Baoulé par exemple). Pour la traction, le joug de garrot est mieux adapté que le joug de nuque.

Bibliographie

Barro A., Zougmoré R., Taonda S.J.-B., 2005. Mécanisation de la technique du *zaï* manuel en zone semi-aride. *Cahiers Agricultures*, Vol. 14, n° 549-559.

Berger M., 1996. L'amélioration de la fumure organique en Afrique soudano-sahélienne. *Agriculture et développement*. Numéro hors-série.

Bigot Y., Raymond G., 1991. *Traction animale et motorisation en zone cotonnière d'Afrique de l'Ouest*. Documents Systèmes Agraires. Cirad, Montpellier, **14**, 95 p.

Bosma R., Bengali M., Traoré M., Roeleveld A., 1992. *L'élevage en voie d'intensification. Synthèse de la recherche sur les ruminants dans les exploitations agricoles mixtes au Mali-Sud*. Institut Royal des Tropiques (KIT), Amsterdam / IER, Bamako, Mali, 202 p.

Bourrigaud R., Sigaut F. (Dir.), 2007. Nous labourons. *In* : *Actes du colloque Techniques de travail de la terre, hier et aujourd'hui, ici et là-bas*. Éditions du Centre d'histoire du travail, Nantes.

Cahiers de la Recherche Développement, 1985 & 1986. Numéros spéciaux. *Relations agriculture-élevage* n° 7, 1985 et n° 9-10, 1986.

Cahier de la Recherche Développement 21, 1989. *Mécanisation n° 1. Culture attelée*. Index cumulés du n° 1 au n° 21.

CEEMAT, 1968. *Manuel de culture avec traction animale*. Techniques Rurales en Afrique. Ministère de la Coopération, Paris, 336 p.

Cirad, 1988. *Traction animale et développement agricole des régions chaudes. Bibliographie annotée. Expériences et bilan* (tome 1). *Les outils : fabrication, conduite et entretien* (tome 2). *Les animaux* (tome 3). Cirad, Montpellier, 254 p., 421 p., 240 p.

Cirad-EMVT, 2004. Numéro spécial *La traction animale*, vol. 57.

Cirad, Cirdes, Irad, Isra, Association Tin Tua, CTA, 2004. *Traction animale et stratégies d'acteurs : quelle recherche, quels services face au désengagement des États*. Atelier international d'échange 17-21 novembre 2003. Résumé exécutif, 43 p.

Cirad, Gret, MAE, 2009. *Le Mémento de l'agronome*, 2ᵉ édition. Quæ, Paris, 1692 p.

CTA, 1997. *Mécanisation des travaux agricoles en Afrique subsaharienne. Propositions d'intégration de la mécanisation dans les stratégies durables de développement rural*. Rapport d'étude. Centre technique de Coopération Agricole et Rurale, Wageningen, Pays-Bas.

Dugué P., Vall É., Klein H.D., Rollin D., Lecomte P., 2004. Évolution des relations entre l'agriculture et l'élevage dans les savanes d'Afrique de l'Ouest et du Centre : un nouveau cadre d'analyse pour améliorer les modes d'intervention et favoriser les processus d'innovation. *Oléagineux, Corps gras, Lipides*, **11**(4-5), 268-276.

Fall A., Lhoste P., Havard M., Ndoye A., Fall A.A., Diakité B., Diakité S., Sy O., 2005. La mécanisation et les équipements, 389-419. *In* : *Bilan de la recherche agricole et agroalimentaire au Sénégal 1964-2004*. Isra, Dakar, p. 389-417.

FAO, 1987. Revue mondiale de zootechnie, n°63, spécial « *Traction animale* ». FAO, Rome, 60 p.

FAO, 1994. *Draught animal power manual*. FAO, Rome.

Faure G., 1994. Mécanisation et pratiques paysannes en région cotonnière au Burkina Faso. *Agriculture et Développement*, **2**, 3-13.

FNCIVAM, 2005. *L'animal de trait. Savoir-faire d'aujourd'hui. Actes du Colloque au Pradel, Mirabel, France, 2-3 septembre 2004*. FNCIVAM, Paris, 81 p.

Gret, équipe agriculture, 1993. *Matériels pour l'agriculture. 1 500 références pour l'équipement des petites et moyennes exploitations*. Gret, Ministère de la coopération, CTA, Paris, 302 p.

Haudricourt A.-G., Delamarre J.-B., 1950. *L'Homme et la charrue à travers le monde*. La géographie humaine, Gallimard, Paris, **25**, 506 p.

Havard M., 1997. *Bilan de la traction animale en Afrique francophone subsaharienne. Perspectives de développement et de recherches*. Mémoire présenté pour l'obtention du diplôme d'études approfondies en sciences agronomiques et ingénierie biologique. Faculté Universitaire des Sciences Agronomiques, Gembloux, Belgique, 72 p.

Havard M., 1998. Expérimentation et conception de matériel à traction animale dans les pays en développement. Le cas du stériculteur de nématicide au Sénégal. *Biotechnologie, Agronomie, Société et Environnement*, **2**(4), 264-270.

Havard M., Le Thiec G., Vall É., 1998. Stock numbers and use of animal traction in Sub-Saharan French-speaking Africa. *Agricultural mechanization in Asia, Africa and Latin America*, **29**(4), 9-14.

Havard M., Vall É., Njoya A., Fall A., 2007. La traction animale en Afrique de l'Ouest et du centre. *Travaux et Innovations*, **141**, 28-31.

Havard M., Vall É., Lhoste P., 2009. Évolution de la traction animale en Afrique de l'Ouest et en Afrique centrale. *Grain de Sel*, **48**, 15-16.

Havard M., Wanders A.A., 1999. *Animals. In*: Stout Bill A. (ed.). *GIGR Handbook of Agricultural Engineering. Plant production engineering*. ASAE. St Joseph, USA, p. 22-41.

Helmer D., 1992. *La domestication des animaux par les hommes préhistoriques*. Masson, Paris, 184 p.

Inra, 2010. *Alimentation des bovins, ovins et caprins. Tables Inra*. Quæ, Paris.

ITDG, 1985. *Tools for Agriculture: A Buyer's Guide to Appropriate Equipment*. Intermediate Technology Publications, London, 270 p.

Jaeger W.K., 1986. *Agricultural mechanization. The economics of animal draft power in West Africa*. Westview Press, Boulder, USA, 200 p.

Kleene P., Vall É., 2004. Animal Traction in West and Central Africa: How to proceed after the disengagement of the State. *AgREN Newsletter*, **50**, 4-5.

Landais É., Lhoste P., 1990. L'association agriculture-élevage en Afrique intertropicale : un mythe

techniciste confronté aux réalités du terrain. *Cahiers des Sciences Humaines*, **26**(1-2), p. 217-235.

Landais É., Lhoste P., Guerin H., 1993. Les systèmes de gestion de la fumure animale et leur insertion dans les relations entre l'élevage et l'agriculture. Communication aux rencontres internationales : « Savanes d'Afrique, terres fertiles ? » Montpellier, 10-14 décembre 1990, *Cahiers Agricultures*, **2**, 9-25.

Lawrence P., Pearson R.A., 1999. *Feeding standards for cattle used for work*. CTVM, Edinburgh, 59 p.

Le Thiec G. (éd.), 1996. *Agriculture africaine et traction animale*. Cirad, Montpellier, 355 p.

Le Thiec G., Havard M., 1996. Les enjeux du marché des matériels agricoles pour la traction animale en Afrique de l'Ouest. *Agriculture et Développement*, **11**, 39-52.

Lhoste P., 1986. L'utilisation de l'énergie animale en Afrique intertropicale. *In* : Landais É. (éd.). *Méthodes pour la recherche sur les systèmes d'élevage en Afrique intertropicale*. Actes de l'Atelier Mbour, 2-8 février 1986. Études et Synthèses, **20**. IEMVT, Cirad, Maisons Alfort, 373-406.

Lhoste P., 1987. *L'association agriculture-élevage. Évolution du système agropastoral au Siné-Saloum (Sénégal)*. INAPG, IEMVT Cirad, Maisons Alfort.

Lhoste P., 2004. Les relations agriculture-élevage. *Oléagineux, Corps gras, Lipides*, **11**(4/5).

Lhoste P., Thierry H., Huguenin J., 1990. *Traction animale et développement agricole des régions chaudes. Tome 3. Les animaux*. Cirad, Montpellier, 240 p.

Lhoste P., Dollé V., Rousseau J., Soltner D., 1993. *Manuel de zootechnie des régions chaudes. Les systèmes d'élevage*. Manuels et Précis d'Élevage. Ministère de la Coopération, Paris, 288 p.

Losch B., 2006. Les limites des discussions internationales sur la libéralisation de l'agriculture : les oublis du débat et les « oubliés de l'Histoire ». *Oléagineux, Corps gras, Lipides*, **13**(4), 272-277.

Martin-Rosset W., 1990. *L'alimentation des chevaux*. Techniques et Pratiques. Inra, Paris, 232 p.

Mazoyer M., Roudart L., 1997. *Histoire des agricultures du Monde. Du néolithique à la crise contemporaine*. Le Seuil, Paris, 531 p.

Milleville P., Serpentié G., 1999. Dynamiques agraires et problématiques de l'intensification dans l'agriculture en Afrique soudano-sahélienne. *In* : Chauveau J.-P., Cormier-Salem M.-C., Mollard É. (eds). *L'innovation en Agriculture*. IRD, Paris, 255-270.

Munzinger P., 1982. *Animal Traction in Africa*. Deutsche Gesellschaft für Technische Zusammenarbeit (GTZ). Eschborn, Allemagne, 522 p.

Nolle J., 1986. *Machines modernes à traction animale. Itinéraire d'un inventeur au service des petits paysans*. L'Harmattan, Paris, 478 p.

Pearson R.A., Lhoste P., Saastamoinen M., Martin-Rosset W. (eds.), 2003. *Working animals in agriculture and transport. A collection of some current research and development observations.*

EAAP Technical Series n° 6. Wageningen Academic Publishers. Wageningen, Pays-Bas, 209 p.

Pingali P., Bigot Y., Binswanger H.P., 1987. *La mécanisation agricole et l'évolution des systèmes agraires en Afrique subsaharienne.* Banque Mondiale, Washington, 206 p.

Pirot R., 1999. Les matériels de semis direct chez les petits agriculteurs dans le Sud du Brésil. *Draught Animal News,* **31**, 36-40.

Ringelman M., 1908. *Génie Rural appliqué aux colonies.* Librairie Maritime et Coloniale, Paris, 693 p.

Schmitz H., Sommer M., Walter S., 1991. *Animal Traction in Rainfed Agriculture in Africa and South America.* GTZ, Eschborn, Allemagne, 310 p.

Starkey P., 1985. *Systèmes d'attelage et matériels à traction animale.* GTZ, Eschborn, Allemagne, 278 p.

Starkey P., 1989. *Harnessing and implements for animal traction.* GTZ, Eschborn, Allemagne, 245 p.

Starkey P., 2002. *Moyens de transports locaux pour le développement rural.* Department for International Development (DFID), London, 48 p.

Théwis A., Bourbouze A., Compère R., Duplan J.-M., Hardouin J., 2005. *Manuel de zootechnie comparée.* Collection Mieux comprendre. Inra, Paris, 656 p.

Vall É., 1996. *Le travail attelé du zébu, de l'âne et du cheval.* Thèse de doctorat, École nationale supérieure agronomique de Montpellier.

Vall É., Lhoste P., Abakar O., Dongmo Ngoutsop A.L., 2003. La traction animale dans le contexte en mutation de l'Afrique subsaharienne : enjeux de développement et de recherche. *Cahiers Agricultures,* **12**(4), 219-226.

Vall É., Havard M., 2006. L'évolution de la traction animale en Afrique subsaharienne : quels enseignements pour les agronomes et la recherche ? *In* : Caneill J. (ed.) *Agronomes et innovations, 3ᵉ édition des entretiens du Pradel. Actes du colloque des 8-10 septembre 2004.* L'Harmattan, Paris, 341-352.

Vall É., Djamen P., Havard M., Roesch M., 2007. Investir dans la traction animale : le conseil à l'équipement. *Cahiers Agriculture,* **16**(2), 93-100.

Sites Internet

Note : une liste des sites Internet utiles est proposée (évidemment non exhaustive et à actualiser régulièrement avec les moteurs de recherche).

• Traction animale

Animal Traction Network for Eastern and Southern Africa (ATNESA) :
www.atnesa.org/

Draught Animal News (DAN) :
www.link.vet.ed.ac.uk/ctvm/
Welcome%20page/Publications/
DAN/DANFP.htm

Red Latinoamericana de Tracción Animal (RELATA) :
www.recta.org/relata.html

Réseau Ouest Africain sur la Traction Animale (ROATA) :
www.atnesa.org/ROATA/index.htm

• Animaux

Équidés

Association Nationale des Amis Des Ânes :
www.adada-assos.org/

The Brooke (UK) :
www.thebrooke.org/

Chevaux de trait :
www.cheval-de-trait.org/

The Donkey Sanctuary :
www.thedonkeysanctuary.org.uk/

Le Monde de l'Âne Internet :
www.bourricot.com/

L'oasis des ânes en Belgique :
www.loasisdesanes.be/

Portail de l'âne et du mulet :
www.asinerie.net/

Société Protectrice des Animaux et de la Nature du Maroc :
www.spana.org.ma/

www.sabots-magazine.com/
Society for the Protection of Animals Abraod :
www.spana.org/

Dromadaires et chameaux

camelides.cirad.fr

Australian Camel News :
www.austcamel.com.au/acn_home.htm

International Camelid Institute :
www.icinfo.org/

• Matériel en traction animale

AGRITRAIT, des outils agraires pour la traction animale :
www.agritrait.com/

PROmotion d'un Machinisme Moderne Agricole à Traction Animale :
www.prommata.org/

Société Industrielle Sahélienne de Mécanique, de Matériels Agricoles et de Représentations, au Sénégal (SISMAR) :
www.sismarsn.com/

Matériels de semis direct pour traction animale au Brésil :
www.fitarelli.com.br/

• Informations générales

CIRAD : www.cirad.fr/

FAO : – www.fao.org/
– www.fao.org/ag/againfo/
programmes/fr/lead/toolbox/Mixed1/
DAP.htm

ILRI : www.ilri.org/

INRA : www.inra.fr/

Inter-réseaux Développement rural :
www.inter-reseaux.org/

International Forum for Rural Transport and Development :
www.ifrtd.org/

Index

Collection Agricultures tropicales en poche

Déjà parus dans la même série :

La santé animale – 1. Généralités, A. Hunter, avec la collaboration de
G. Uilenberg et C. Meyer, 2006

La santé animale – 2. Principales maladies, A. Hunter avec la collaboration
de G. Uilenberg et C. Meyer, 2006

L'apiculture, P. D. Paterson, 2008

L'amélioration génétique animale, G. Wiener, R. Rouvier, 2009

Photo de couverture : © Patrick Dugué
Transport bovin attelé à Madagascar

Édition : Claire Parmentier, PAG
Maquette : Patricia Doucet, Cirad
Mise en pages : Dominique Verniers, PAG

Imprimé pour vous par Books on Demand (Allemagne)